电子拼版
实训教程

DIANZI PINBAN SHIXUN JIAOCHENG

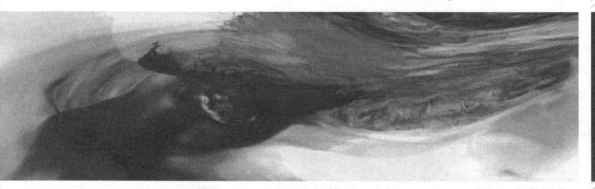

邵凌子 ◎ 编　著

U0340226

文化发展出版社
Cultural Development Press

内容提要

数字化印前工艺流程中，拼大版是连接印前与输出的关键环节，目前主要采用折手软件完成拼大版工作。本书由浅入深，结合实际，通过典型案例介绍 Preps6.2 折手软件的应用，使读者能较系统地掌握 Preps6.2 的使用方法。本书由两篇组成——入门篇，介绍印前拼版的相关概念；实践篇，通过实际案例介绍 Preps6.2 的使用。

本书适用于各中专、技校、大专院校印前、图文专业的印前输出课程教学，也可供从事印前输出相关工作的人员作为参考书。

图书在版编目（CIP）数据

电子拼版实训教程/邵凌子编著.–北京：文化发展出版社，2018.8（2021.8重印）
ISBN 978-7-5142-1366-9

Ⅰ.①电… Ⅱ.①邵… Ⅲ.①印前处理－计算机应用－教材 Ⅳ.①TS803.1

中国版本图书馆CIP数据核字(2016)第133517号

电子拼版实训教程

邵凌子 编著

责任编辑：朱　言　　　　　责任校对：岳智勇
责任印制：邓辉明　　　　　责任设计：侯　铮
出版发行：文化发展出版社（北京市翠微路 2 号 邮编：100036）
网　　　址：www.wenhuafazhan.com
经　　　销：各地新华书店
印　　　刷：北京捷迅佳彩印刷有限公司

开　本：787mm×1092mm　　1/16
字　数：150千字
印　张：6.25
印　次：2016年7月第1版　2021年8月第4次印刷
定　价：39.00元
ＩＳＢＮ：978-7-5142-1366-9

◆ 如发现任何质量问题请与我社发行部联系。发行部电话：010-88275710

前言 Preface

数字化印前工艺流程中，拼大版是连接印前与输出的关键环节。拼大版指按照印刷版面的幅面以及印后加工的要求，将制作完成的多个页面或包装单体组合成印刷版面的过程。目前主要采用折手软件完成拼大版工作，折手软件使得书刊、画册、杂志的拼版工作变得既快捷又轻松方便，折手软件拼版后可以直接和印前数字化工作流程结合使用，直接输出印版、数码打样或数字印刷。

Kodak Preps折手软件被广泛应用于各种印前数字工作流程中，如Agfa的ApogeeX、Kodak的Prinergy都使用了它的内核。PDF、PostScript、EPS和TIFF等不同格式的文件均可在同一个Preps作业中完成拼版。

本书由浅入深，结合实际，通过典型案例介绍Preps6.2折手软件的应用，让读者能较系统地掌握Preps6.2的使用方法。本书由两个部分组成——入门篇：介绍印前拼版的相关概念。实践篇：通过实际案例介绍Preps6.2的使用。

本书适用于各中专、技校、大专院校印前、图文专业的印前输出课程教学，也可供从事印前输出相关工作的人员作为参考书籍。

由于编写仓促，错漏之处还望读者给予指正。

本书中素材仅限于教学练习使用，不得用于任何商业用途。

邵凌子

2016年5月

入门篇

项目一

拼大版概述

了解数字化印前工艺流程及拼大版的概念

印刷就是使用印版或其他方法将原稿上的图文信息转移到承印物上的工艺技术。对应的印刷技术就是通过印前（制版）、印刷、印后加工批量复制文字图像的方法。

随着计算机技术在印前工艺中的广泛应用，印前技术的主要特征是以数字形式描述页面信息、以电子媒体或网络传递页面信息、以激光技术记录页面信息。我们将这一生产模式下的印前技术称为"数字印前技术"。数字化印刷工艺流程如图1-1-1所示。

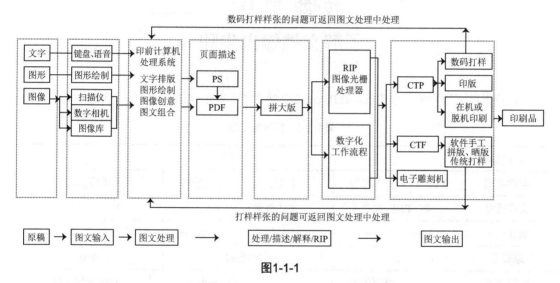

图1-1-1

从图1-1-1可以看到一个完整的数字化印前工艺流程包括图文输入、图文处理和图文输出三大环节。首先，图像和文字通过扫描仪、数码相机等设备转换为数字信息并输入电脑；然后制作人员按照设计要求使用印前相关制作软件将图像、图形、文字处理组合成可用于印刷的页面；最后，页面信息在数字化流程中完成页面的预检、RIP（光栅图像处理器）分色加网、陷印、打样、拼大版、输出等工作，通过打印机、直接制版机或数字印刷机等设备输出（如果打样环节出现问题需要修改，可以返回图文处理环节修改后重新输出）。在数字化印前工艺流程中，所有的页面元素都以数字化形式传递，因此每一个工序都会影响最终印刷品的质量。

拼大版在数字化印前工艺流程中是连接印前与输出的关键环节。大多数印刷厂为了降低成本，都采用大幅面的印刷机来印刷，拼大版是指按照印刷版面的幅面以及印后加工的要求，将制作完成的多个页面或包装单体组合成印刷版面的过程。书籍、杂志等非单张出版物，在印刷生产中需要将各页按对应的位置，以特定的方式拼成大版，以便印刷后经过折叠，再现设计者意图的页序。在此，一个大版也叫一个印张或一个折手。一本书或杂志可能需要几个折手，各个折手按顺序排列好才能装订、裁切。即使是单张印刷品，如果采用大幅面印刷机进行印刷，也要将几幅页面按一定的规律拼成大版，印刷后裁切。因此，拼大版在数字化印前工艺流程中起着承上启下的作用。

在数字化印前工艺流程中，拼大版采用专业折手软件完成，在软件中以印前制作的页面作为拼大版的内容，在拼版过程中根据幅面大小和印后加工等要求考虑这些内容在版式上的排列，在软件中设置相关的参数。

可以在数字化输出流程中，调用折手软件中的模版来完成拼版；也可以在折手软件中完成拼版后将大版页面在数字化流程中输出。

技 能 训 练
了解文档输出步骤

请根据以下印刷施工单要求，在Preps6.2中对"停下时光"海报拼大版，为输出做准备。

表1-1-1　印刷施工单

印件名称	停下时光					
印件类型	海报	开单时间	2013.1.5	交货时间		2013.1.15
文件类型	PDF		文件数量		1	
成品尺寸	570mm×420mm		成品数量	5000张	成品开度	四开
总页数	1P		印刷色数		4+0	
拼版方式	单面印刷		印刷用纸		$150g/m^2$双铜纸	
裁纸尺寸	440mm×597mm		印版规格		730mm×605mm	
装订方式	无		折页方式		无	

操作提示

1. 导出PDF文档。在InDesign中打开"停下时光.indd"文档，执行"导出"命令，在导出PDF对话框中做如下设置。Adobe PDF预设：印刷质量；标准：PDF/x-1a:2001；兼容：Acrobat 4（PDF1-3）。标记和出血选项中勾选所有标记、出血和辅助信息区选项。完成后确认导出PDF文档。

2. 查看文档成品尺寸。在Acrobat中打开"停下时光.PDF"文档。执行"工具">"印刷制作">"设置页面框"命令，在对话框"显示所有框"下选择"裁切框"选项，查看文档的成品尺寸，确认与施工单要求一致。

3. 对文档进行印前预检。可执行"Acrobat">"Pitstop">"预检规范"命令对文档进行预检，文档符合印前规范方可进行输出（注：预检是印前的重要步骤，因本书篇幅有限，此处不再详细论述）。

4. Preps6.2中完成拼大版。将"停下时光.tpl"模版拷贝至电脑C盘>Preps6.2>Templates文件夹内。启动Preps6.2，执行"文件">"打开"命令，从Templates文件夹打开"停下时光.tpl"模版，在文件窗口中单击"+"按钮，将"停下时光"PDF文档添加到文件列表中，如图1-1-2所示。切换到页面列表窗口，将文件拖到页面列表窗口，如图1-1-3所示。从印刷运行窗口中可以查看拼版版面预览，如图1-1-4所示。

图1-1-2

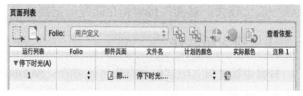

图1-1-3

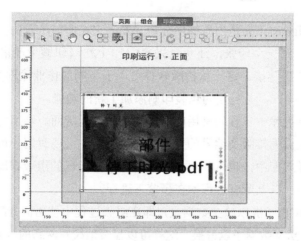

图1-1-4

5. 保存拼版文档。执行"文件">"另存为"命令，为文件命名为：停下时光。保存为"停下时光.job"。执行"文件">"打印"命令，选择文件类型为PDF，命名"停下时光"，打印准备印刷输出的大版页面。

 **了解拼大版软件**

拼大版软件能满足各种页面尺寸拼版的需要，如包装、杂志、招贴画等；能设置不同的印刷方式，如单面印刷、双面印刷；还能设置如爬移、出血、裁切线等参数。

拼大版软件的区别在于RIP的方式：RIP前拼大版还是RIP后拼大版。RIP前拼大版，首先将页面拼成大版再送去RIP。特点是：先完成各个页面的排版及补漏白，接着进行各页面拼大版作业，并制作包含OPI指令（用于RIP时进行高、低分辨率图像的调用）的输出文件，最后将此文档送到RIP中进行处理。缺点是要等待整个版面拼好之后才能RIP，而且如果版面有错误，必须回到原来的软件中修改之后再拼版、RIP，而RIP解释又比较耗费时间，所以效率比较低。RIP后拼大版，先RIP页面，这一工作流程将最后文件的修改方式加以简化，若发现某页面中含有一个排印错误，只需在修正错误后，再将这份页面重新RIP一次，替换掉原来错误之处即可，这比将整个大版重新RIP要省事得多，缺点是RIP后文件一般比较大，对文件传输和存储有一定要求。

一、主流拼大版软件

目前市场上拼大版软件有海德堡公司的Signastation、北大方正文合、Impostrip & Impress、Kodak Preps等。

1. Signastation

拼大版工作站Signastation是由海德堡公司开发。它在印前阶段的作用举足轻重，不仅要将各个单独页组合到一个印张，还负责采集CIP3-PPF（印刷生产格式）数据，以确保印刷及印后作业的紧密链接。这一款拼版软件可用于不同的作业流程及不同的RIP，支持PDF和PostScript两种格式。并且还为包装印刷添加了新的功能。

Signastation的模版库中包含为常用印刷机准备的预置版面。利用内置的折页样式库，该软件自动生成包括页面排版及编号的完整的组版布局，必要时用户可以随时将单独的折页信息加入到折页样式库中，也可利用排版编辑器编排自己的组版布局，或者在显示器上手动修改预置的布局。以上所有过程均在预览下进行。

Signastation利用OPI功能以减少数据量，即在组版过程中使用低分辨率数据，输出胶片或印版前，再用高分辨率数据予以替换。这样可以显著地缓解网络的压力并提高生产力。

当Signastation在印能捷作业流程管理系统中工作时，将自动生成工作传票，其中有包括全部控制符号在内的所有有关拼版信息。如果在印刷之前最后一分钟忽然要进行改动，Signastation将通过与作业流程系统的交互式对话，快速、可靠地执行所有必要的修改。

为了便于操作，Signastation配备了一整套功能组件，其中包括多语言版本功能，用另外的颜色表示不同语言的文字，在需要时可以将其组合到黑版之中。自动计算整个出版物的爬移量及厚移量。对于裁切、折页、颜色及折帖标识、可提供字体等选择，可以随时根据用户的特定要求进行添加。

对于作业流程的其他环节，如印刷及印后加工，来自印前生产阶段的大量信息是非常有价值的，信息的共享可以缩短后续工序的准备时间。这些来自印前的数据可用于色彩控制系统、自动套准控制系统以及折页与裁切设备。Signastation将信息数据打包，加上诸如活件名称、印版号等管理性数据并以CIP3-PPF格式提供。海德堡印前接口系统（PrepressInterface）对PPF数据进行评估后将其传送至印刷机，被用于预设墨区、设置自动套准控制、控制并调节印刷机。通过在线传输，PPF数据还用于设置折页机及裁切机编程。此方法具有跨越系统、跨越生产阶段的通用性，其优点显而易见：准备时间及消耗均减至最小，并且可以避免活件准备中产生的错误及重复操作。在当前市场印量减少、个性化活件增加的趋势下，由Signastation 管理的CIP3作业流程是合理地开发企业额外潜力的最佳途径。

2. 北大方正文合

方正文合是北大方正电子出版集团开发的专业拼版、自动折手软件，该软件被广泛地用于印刷出版领域，已陆续推出文合1.0、1.1、2.0、3.0等版本，使制版工作中的书刊、画册、杂志的折手和报纸的拼大版工作变得既轻松又方便快捷。

方正文合有以下主要特点：适合报业的裁切页面功能，能处理多个中缝排在同一页的情况；适合报业的识别版心功能，适用于将报纸的版心或页面尺寸不同的版面准确拼版；灵活的交互拼版功能，如支持一次选择多个小页，一个作业可以同时做多个大版，利于管理等；方便的折手功能，支持平订、骑马订、胶订、线订、套折、双联、联二、自定义页序等多种折手方式，支持拆页输出。

3. Impostrip & Impress

Impostrip & Impress是一个典型的"先拼版后RIP"软件，可与许多分色、排版及补漏白的专业软件兼容。可在Macintosh、Windows、Unix平台上使用。这套软件提供了一套如何落版的样本显示，让用户可依纸张的种类与尺寸、单色或多色印刷，平版或轮转机选择，每个样本中均隐含有裁切标记及十字线，也含有一组不同的导色表。此外，Impostrip有一很好的功能，会在大版页面上以空白页取代错误的页面；如果在RIP进行时，某个页面产生错误，该软件就会自动产生一个空白页，替换到原来错误页面的位置上。这样，RIP不但可照常完成输出作业，也不会因为处理错页而导致死机，RIP完成后，用户可进行页面纠错，重做一次RIP输出，再手工拼入原大版之中，可以省下不少时间。该公司还推出了一套补漏白的软件：Trapeze，该软件须先RIP后拼版。将这套软件与Impostrip搭配使用时，可先做好补漏白设定。

如果用户想采用Chromapress(Agfa)或IndigoE-1000Printer这类数字印刷机印刷，Ultimate公司又提供了另一套独立的拼版软件：Impress，它有130组滤镜，以接受多种文件格式及一种自动调配的功能：用户一旦设定好台纸包含的页数、印刷机种类、纸张尺寸、厚度等参数后，Impress会自动产生一个调配好的大版档案，其中包含折叠记号和爬移的预留空间，接着用户可将此大版文件送至印刷机的RIP进行处理。

4. Kodak Preps

Preps可以使用RIP过的页面直接进行拼大版。这使软件很适合于包装文件的拼大版操作，Preps允许用户可以混用不同的文件类型、页面尺寸及方向，并针对各种页面分别进行裁切记号与十字线的设定，也可让用户在同一张台纸上放入多种不同的印件，如一般的纸盒包装或标签印制等。

Preps有三种版本。简易版：PrepsXL，是专为按需输出作业而设计的；高级版：PrepsPlus，常用于高级印前的工作流程之中；PrepsPro：全功能拼大版软件，适用于多种工作流程及输出设备的工作环境之中，该软件有内建的分色功能，这表示可选择以打样用的4色合成方式或是以出网片或制版用的4色分色方式进行输出。用户可控制每个单色的网角及补漏白的设定，同时它也具备了一个完整的PS预览器，以确定每个页面在经过RIP处理时，都能正确无误。

Preps被广泛用于各种数字化工作流程中，如Agfa的Apogee，Kodak的Prinergy都使用了它的内核，PDF、PS、EPS、TIF等不同格式的文件都可以在同一个Preps作业中完成拼版。图1-2-1为方正文合的界面，图1-2-2为Preps6.2的界面。

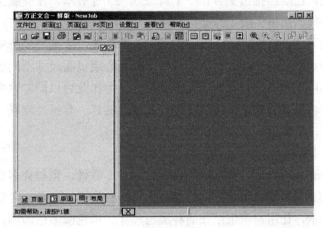

图1-2-1

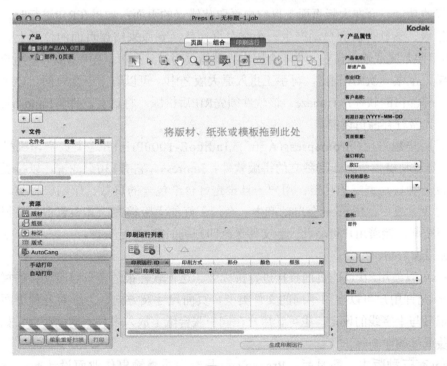

图1-2-2

二、Preps6.2新增功能

Kodak Preps作为新一代印前数字化工作流程中的一个重要组成部分，不断完善功能，使数字拼版更加智能化。Preps6.2新增功能如下。

1. 可用于独立的 PDF 环境中以及所有常见的工作流程解决方案中，包括印能捷系统Prinergy和第三方（Agfa ApogeeX、Rampage、Global Graphics Harlequin、Artwork Systems Nexus 和 Dainippon Screen TrueFlow 软件）系统。

2. 采用全新的动态用户界面，使操作更直观。

3. 新增折叠模式，用户拼大版时可采用模版库中的模版，也可自行定制模版，保存自定义折叠模式，一个作业中可包括多种印刷方式及拼版方式的书帖，套用不同的拼版要求。

4. 首选项增加"忽略标记输出错误消息"；"启用PPF输出"；视图增加"显示空白页"功能；资源增加"标记规则编辑器"功能；自定义标记可以"将标记放置在页面外部"；自定义标记编辑器变得更加方便。

5. 智能化的SmartMarks标记，可以动态放置并调整大小。

6. 可以在屏幕上进行小页和大版的彩色预视和单色预视，并能够放大缩小页面，令拼版结果一目了然。

7. 可以输出PS、PDF、JDF、PDTF文件。

三、Preps6.2用户界面介绍

启动Preps6.2，如图1-2-3所示。用户界面窗口通常分为左侧区域、中心区域和右侧区域。左侧区域包含产品、文件、资源列表，可以从列表中设置用于构成作业的元素。中心区域包括页面、组合、印刷运行窗口，其中印刷运行窗口是主要拼版作业构成的区域。右侧区域提供对选定作业元素的属性设置。单击窗口的箭头或拉伸窗口间的分割器可以调整窗口大小。

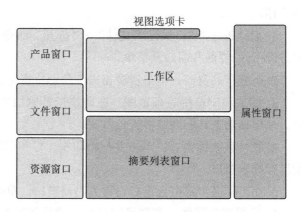

图1-2-3

各窗口作用如下：

1. 产品窗口——用于查看和管理作业结构。

2. 文件窗口——用于添加输出的PDF文件，创建占位符文件。选择文件页面以添加到运行列表。

3. 资源窗口——用于选择并管理用于构建印刷运行的资源。包括：版材列表、纸张列表、标记列表、版式窗格、模版列表、折叠模式列表、搜索工具。

4. 视图选项卡——在作业操作时可以在页面视图、印刷运行视图、组合视图间切换。

5. 工作区——包括页面、组合、印刷运行、视图窗口。

①在页面窗口中，可以预览页面和检查净尺寸框。

②在组合窗口中，可以计划多个产品和部件。

③在印刷运行窗口中，可以创建模版和检查印刷运行版式。

6. 摘要列表窗口——包括印刷运行列表窗口和页面列表窗口，印刷运行列表用于管理所有作业项目的列表；页面列表用于分配页面。

7. 属性窗口——用于查看并编辑所选作业项目的设置。各窗口都会随着更改动态更新。在工作区、摘要列表或产品列表中选择一个项目，以在属性窗格中显示其设置。

本书教程主要使用Preps Pro .6.2版本。所用截图均为Mac机截图。

技 能 训 练
了解拼大版软件

根据实际情况，启动已安装的拼大版软件并了解菜单及相关界面。下面以Preps6.2为例操作。

1. 启动Preps6.2。执行"文件">"打开"命令，打开"停下时光.job"。对照图1-2-3熟悉Preps6.2界面各窗口及菜单。

2. 折叠产品窗口。单击资源窗口三角形将资源窗口折叠。

3. 缩放和浏览拼版预览图。在印刷运行窗口中选择缩放工具 🔍，局部放大拼版预览图。使用移动工具 🖐 浏览拼版预览图。

4. 拉伸或收缩窗口。单击并拖动印刷运行和印刷运行列表窗口之间的分隔器，拉伸印刷运行列表窗口。

5. 在工作区中将组合窗口设置为当前窗口。单击组合窗口标签，使其为当前窗口。

6. 设置产品属性。在产品窗口单击"停下时光（A），1页面"，在右侧产品属性窗口中填写客户名称"停下时光咖啡店"，完成后执行"文件">"另存为"命令，为文件命名为：停下时光。保存为"停下时光.job"。

项目二

拼大版基础知识

任务一 了解书刊装订方式

在实际工作中，往往需要先了解装订的基本方式，再考虑如何拼版。装订指将印好的书页、书帖加工成册的印后加工过程。订指将书页订成本，即书芯的加工。装指书籍封面的加工，即装帧。

书刊装订工艺流程：印刷页－裁切（根据实际需要）－折页－配页－订书－包封面－三面裁切－检查－包装。

书芯的加工主要有骑马订、锁线胶订、无线胶订、铁丝平订、塑料线烫订。如图2-1-1所示。骑马订的特点是工艺简单、廉价。一般书刊页数为4的倍数，总页数不超过48P（特殊的也可以64P），成品厚度小于4mm，如宣传手册、杂志、画册等多采用骑马订方式装订。超过64P以上的书籍，主要采用锁线订和无线胶订两种装订方式。锁线胶订是将配好的书帖按顺序用线一帖帖串起来。无线胶订是配好书页后，用胶黏剂将书帖黏合在一起成为书芯，常用于高档画册。

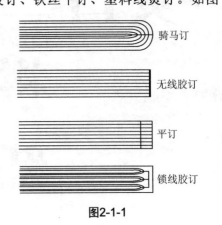

图2-1-1

书芯的各种加工主要区别是配页方式不同，配页方式有套帖配页法和叠帖配页法两种。

套帖法是将一个书帖按页码顺序套在另一个书帖的里面（或外面）。采用骑马订方式装订的书通常采用这种配页方式。

叠帖法是将各个书帖按页码顺序一帖一帖地叠加在一起成为书芯。无线胶订通常采用这种配页方式。

对于内页较多的书刊内页，可以采用套帖法和叠帖法相结合的方法配页，如锁线胶订。

印刷好的封面根据成品开本大小进行裁切，在书脊处进行压痕，再将其通过胶粘的方式与书芯结合到一起压平干燥。

封面的装裱分为平装和精装。两者主要区别是精装书的书芯和封面都是通过精致造型加工的，书背加工为圆弧或平直形，采用纸板为书壳，经过加工后造型美观、挺括坚实、翻阅方便。主要用于高价值、长期保存的书刊，如字典、词典、纪念册等。另外还有特种装订方式，如开闭环装订、螺旋圈装订、塑料夹条装订等。如图2-1-2所示是精装书各部分名称。

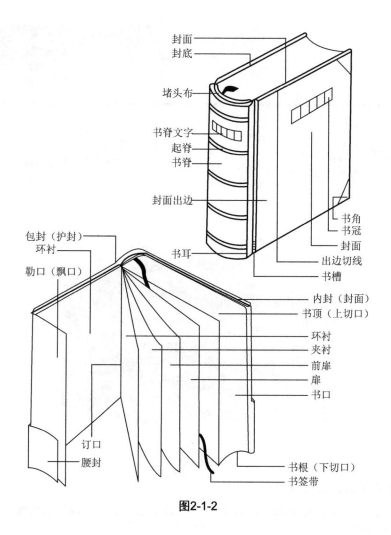

封面
封底
堵头布
书脊文字
起脊
书脊
封面出边
包封（护封）
环衬
勒口（飘口）
书耳
书角
书冠
封面
出边切线
书槽
内封（封面）
书顶（上切口）
环衬
夹衬
前扉
扉
书口
订口
腰封
书根（下切口）
书签带

图2-1-2

技 能 训 练
认识各种不同装订方式的书刊

1. 准备骑马订、锁线订、无线胶订、铁丝平订等不同装订方式的书籍，仔细观察订口及书脊位置，理解各种装订方式的特点及区别。

2. 指出图2-1-3中书刊的装订方式。

3. 请分别指出本教程的封面、封底、书脊、扉页、版权页及内页。

4. 请指出本教程内页的天头、地脚及版心。

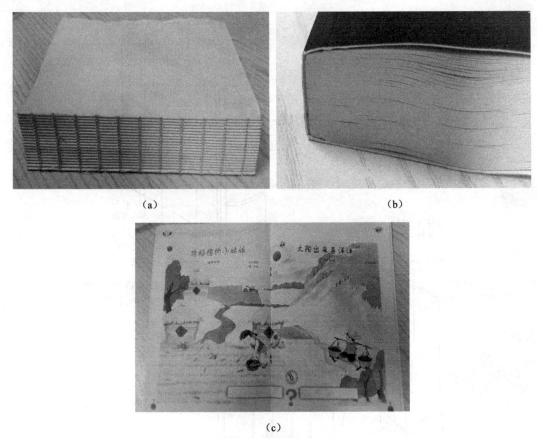

（a）　　　　　　　　（b）

（c）

图2-1-3

5. 请指出本教程的订口及切口。

6. 打开文档"版面名称.indd"，将第一页中的灰色色块大小调整至页面出血位。完成后保存并关闭文档。

任务二　了解常用纸张尺寸

印刷纸张尺寸与拼版息息相关，因此在拼版前必须熟悉常用印刷纸张类型及尺寸。

印刷纸张分为平板纸和卷筒纸两大类型，平板纸有双胶纸、铜版纸、亚粉纸等，大多数画册、海报、包装采用平板纸印刷；教材、报纸等数量较多的印刷品可采用卷筒纸印刷。

根据纸张的厚薄以重量分为$50\sim200g/m^2$。纸张尺寸的单位以毫米（mm）计算，平板纸的尺寸有787mm×1092mm、889mm×1194mm等不同规格，未经裁切的纸称为全张纸，将全张纸对折裁切后的幅面称为对开；把对开再对折裁切后的幅面称为四开；把四开纸再对折裁切后的幅面称为八开……通常纸张除了按2的倍数裁切外，还可按实际需要的尺寸裁切。当纸张不按2的倍数裁切时，其各小张横竖方向的开纸法又可分为正切法和叉开法，也可以按照客户的要求采取混合法切纸。一般有些印刷厂会根据实际情况开纸，如889mm×1194mm的全张纸切为对开尺寸可以是885mm×597mm或880mm×592mm，因此拼版时需根据纸张尺寸合理安排，避免浪费纸张。

版面的大小称为开本，开本以全张纸为计算单位，每全张纸裁切和折叠多少小张就称多少开本。开本是指书刊成型后单面的面积相当于全张纸单面面积的多少分之一。如三十二开，是书的单面面积相当于全张纸的三十二分之一；十六开，则表明它的单面面积相当于全张纸面积的十六分之一。全张纸对折一次，一分为二，幅面变为全张纸的二分之一，称对开。对开再对折一次，幅面变为全张的四分之一，称四开。以此类推。也有非对折的开法，如11开，14开等，但这样总会有部分纸浪费掉，所以只有特殊需要时才采用。常见的十六开本尺寸是210mm×285mm、185mm×260mm；三十二开本尺寸是143mm×210mm、130mm×185mm。

技 能 训 练
认识各种常用纸张的尺寸

1. 准备印刷用正度及大度全张纸1～2张，对折纸张分别成为对开、四开、八开、十六开、三十二开规格，加深对纸张规格的认知。

2. 认识图2-2-1中不同成品规格的印刷品。

图2-2-1

3. 准备双胶纸、铜版纸、亚粉纸等不同类型纸张或其印刷品，认识不同纸张的区别。

◇◇◇◇◇◇◇◇◇◇◇◇◇ **读书笔记** ◇◇◇◇◇◇◇◇◇◇◇◇◇◇◇◇

实践篇

项目三

准备工作

任务一 制作折样

折样是根据印张折叠成书帖时与出版物页面顺序相符的版式，也称为折手。折样模拟印刷品，可以为拼版提供依据。折样一般用A4纸张制作。折样完成后，应根据版式要求，正确标注以下内容：

1. 产品的最终成品尺寸，包括印张开幅。

2. 页码，逢暗码页面，应用简要文字标注页面主要内容，如扉页、目录、前言、序、后记、版权页等。

3. 印刷叼口边，印张较多时应编注版号、正背关系及折标。

4. 对于折页类产品应根据不同的折叠方式标明折线位置，裁切小成品的产品时应标明裁切线。

5. 标明所在版面的色相（如四色、单黑或专色、多色）。

做折手的方法：

准备一些A4或A5的薄纸，也可利用印刷边角料（宽度不小于10cm），将之裁切成矩形用于做折手。根据不同的装订及折页方式，确定折手的折页方法，常用的折页方法有以下几种：

一、垂直交叉折

垂直交叉折又称转折。将纸平放，长边水平放置，然后水平对折，顺时针方向转过一个直角后再对折，依次转折即可得到三折手和四折手（注意折页时折数最多不能超过4折）。这是最常用的折页方法，其特点是书帖折页、粘套页、配页、订锁等加工方便，折数与页数、版数存在一定规律，易于掌握，也便于折刀式折页机折叠作业。图3-1-1为四折手16页折样。

图3-1-1

例：现有16开本共16页书刊要求对开印刷，装订方式为骑马订。要求制作折样。

本例对开幅面中正反面共印16个16开页面，用垂直交叉法三折手得到正反面折样如图3-1-2所示。

二、平行折

平行折又称滚折，适用于零散单页、畸开、套开等页张，做折手时要根据产品的成品尺寸等确定印刷幅面。又分为双对折、卷筒折、翻身折。

图3-1-2

三、双对折

将纸平放对折后再平行对折1次。

四、卷筒折

卷筒折又称包心折。第一折的页码夹在中间，再折第二折或第三折，最多不超过三折。

五、翻身折

翻身折又称扇折或手风琴折。第一折折好后，向相反方向折第二折，依次来回折，使前折缝与后折缝呈平行状。

六、混合折

同一书帖折页时，既采用平行折，又采用垂直交叉折。这种折法多用于6页、9页、双联折等书帖，适合于栅栏式折页机折叠作业。

七、双联折法

上下页联结成一帖，即有两组相同的页码称为双联。双联装订可使装订作业达到事半功倍的效率。折样方法是将纸张放平先对折，再按顺时针方向转90°后对折，然后再对折。

图3-1-3分别为双联折样和联二折样。

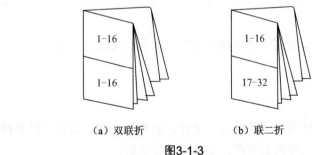

（a）双联折　　　　（b）联二折

图3-1-3

图3-1-4所示为常用折页的几种方式。

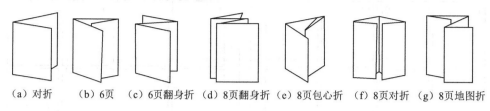

（a）对折　（b）6页　（c）6页翻身折　（d）8页翻身折　（e）8页包心折　（f）8页对折　（g）8页地图折

图3-1-4

技 能 训 练

制作折样

准备A4纸若干，按要求完成以下折样，并在折样上标明页码、天头、地脚、订口、切口、叼口、帖数、正反面、尺寸。

1. 成品十六开本共8P，四开纸印刷，骑马订。

2. 成品十六开本共32P，对开印刷，胶订。

3. 成品十六开本共24P，对开印刷，骑马订。

4. 成品三十二开本共32P，四开印刷，骑马订。

5. 成品三十二开本共64P，对开印刷，胶订。

任 务 二　理解套翻版和自翻版

一、套翻版

用一套版印完一面后需另换一套版印另一面的印刷方式称为套翻版（正反版）印刷。套翻印刷使用不同的印版来印刷正反两面。纸张通过印刷机时，将印刷其中的一面，第一套印版用于印刷印张的正面。然后，纸张沿垂直轴翻转，再次通过印刷机，并使用第二套印版印刷印张的反面。

图3-2-1为书刊内页套翻版拼版图示。

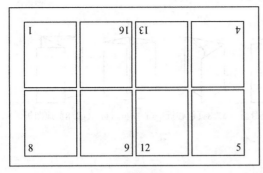 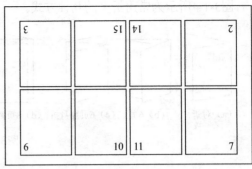

（a）正面 叼口 　　　　　　　　（b）反面 叼口

图3-2-1

二、自翻版

用一套版印完第一面后不另换一套版而进行第二面印刷的称为自翻版（自翻）印刷。自翻印刷方式将拼版的两面输出到同一套印版上。自翻作业可使用相同的叼口和相反的侧拉规来放置印张的反面和侧拉规。印刷第一面后，印张从左向右翻转，或上下翻转以印刷第二面。印刷完成后，印张将沿垂直轴裁切为两半，从而得到两个相同的帖。

自翻版翻纸有两种翻法：一种是左右翻，也叫自翻；另一种是上下翻，也叫滚翻或天地翻。图3-2-2分别为书刊内页左右自翻版和天地自翻拼版图示。

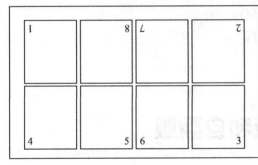 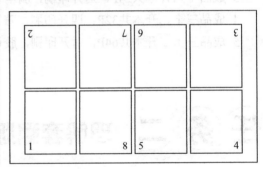

（a）左右自翻版 　　　　　　　　（b）天地自翻版

图3-2-2

在拼版中使用自翻版可以节省印版，节约成本。实际生产中应根据印刷页数，灵活使用自翻版。

下面列举实际生产中使用自翻版拼版的实例：

例1：现印刷一书刊内页，成品规格为16开，共40页，要求用对开纸印刷。对开2帖套翻版可印刷32页，剩下8页使用自翻版印刷，自翻版拼版如图3-2-3所示。

例2：现印刷一书刊内页，成品尺寸为16开，共34页，要求用对开纸印刷。对开2帖套翻版可印刷32页，剩余2页用自翻印刷。拼版如图3-2-4所示。

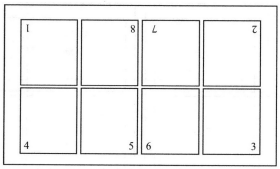

左右自翻版

图3-2-3

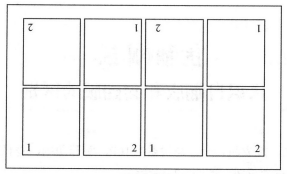

两页自翻版

图3-2-4

例3：现有一本杂志的封面、封底、封二、封三需要用四开印刷。本例可以用自翻版印刷，如封面、封底需要覆膜处理，则用套翻版印刷。自翻版拼版版式如图3-2-5所示。

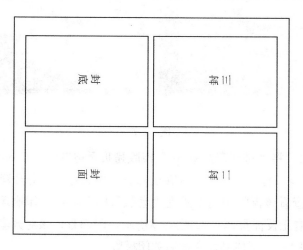

图3-2-5

套翻版拼版版式如图3-2-6所示。

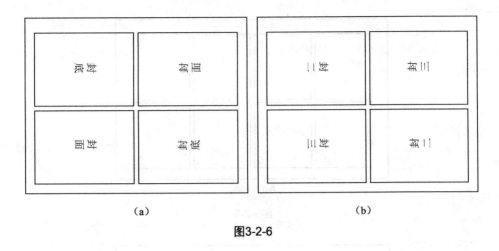

（a）　　　　　　　　　　（b）

图3-2-6

技能训练
认识自翻版和套翻版的区别

1. 准备A4纸一张，按成品16开，总页数共16P，对开印刷，垂直交叉折法制作折样并编写页码，将第一页设为正面。如图3-2-7所示。

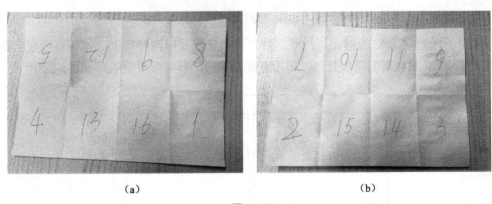

（a）　　　　　　　　　　（b）

图3-2-7

2. 启动Preps6.2，将"对开套翻版.tpl"模版拷贝至电脑C盘>Preps6.2>Templates文件夹内，执行"文件">"打开"命令，从Templates文件夹打开"对开套翻版.tpl"模版，从印刷运行列表窗口查看该模版印刷方式为"套版印刷"，单击印刷运行窗口中的翻纸按钮，并对照折样查看正反面页码，如图3-2-8所示。印刷时，该对开套翻版模版将使用正反面不同的印版印刷16P16开成品。完成后关闭模版。

3. 准备A4纸一张，将纸张对折裁切分成两半，取其中一半纸张，按成品16开，总页数共8P，垂直交叉折法制作折样并编写页码，将第一页设为正面。如图3-2-9所示。

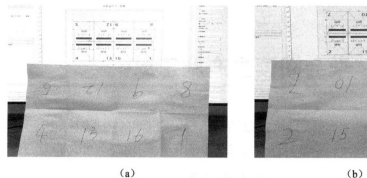

（a）　　　　　　　　　（b）

图3-2-8

图3-2-9

4. 启动Preps6.2，将"对开自翻版.tpl"模版拷贝至电脑C盘>Preps6.2>Templates文件夹内，执行"文件">"打开"命令，从Templates文件夹打开"对开自翻版.tpl"模版，从印刷运行列表窗口查看该模版印刷方式为"自翻"，此时印刷运行窗口中的翻纸按钮呈灰色不可选。对照折样查看正面页码P1、P4、P5、P8，该4P位于右半模版，将折样向左反转，页码P2、P3、P6、P7位于左半模版，如图3-2-10所示。印刷时，该对开自翻版将使用一张印版印刷8P16开成品。完成后关闭模版。

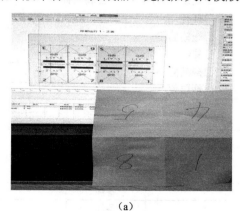 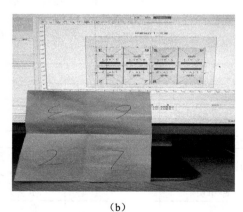

（a）　　　　　　　　　（b）

图3-2-10

任务 三 学会阅读生产施工单

印刷施工单是实施拼版、印刷、印后加工的依据。印刷施工单的格式多种多样，但内容都离不开三部分：客户要求、印刷要求、印后加工要求。表3-3-1所示为某公司的印刷施工单。

表3-3-1 印刷施工单

<table>
<tr><td rowspan="4">客户要求</td><td>印件名称</td><td></td><td>客户名称</td><td colspan="3"></td></tr>
<tr><td>印件类别</td><td></td><td>开单时间</td><td></td><td>交货时间</td><td></td></tr>
<tr><td>成品尺寸</td><td></td><td>成品数量</td><td></td><td>成品开度</td><td></td></tr>
<tr><td>原稿</td><td colspan="5"></td></tr>
<tr><td rowspan="11">印刷要求</td><td>项目</td><td></td><td></td><td></td><td>完成时间</td><td></td></tr>
<tr><td>总页数</td><td colspan="5"></td></tr>
<tr><td>纸张名称</td><td colspan="5"></td></tr>
<tr><td>用纸规格</td><td colspan="5"></td></tr>
<tr><td>裁纸规格</td><td colspan="5"></td></tr>
<tr><td>用纸数量</td><td colspan="5"></td></tr>
<tr><td>印刷色数</td><td colspan="5"></td></tr>
<tr><td>拼版方式</td><td colspan="5"></td></tr>
<tr><td>印刷版数</td><td colspan="5"></td></tr>
<tr><td>印刷机台</td><td colspan="5"></td></tr>
<tr><td>印刷色序</td><td colspan="5"></td></tr>
<tr><td rowspan="10">印后加工要求</td><td>加工项目</td><td colspan="2"></td><td colspan="3">加工内容</td></tr>
<tr><td rowspan="4"></td><td colspan="2">□烫金面积</td><td colspan="3">□压凸</td></tr>
<tr><td colspan="2">□过UV油</td><td colspan="3">□水晶油</td></tr>
<tr><td colspan="2">□模切规格</td><td colspan="3">□裱糊面积</td></tr>
<tr><td colspan="2">□过塑　　□穿绳　　长　　cm</td><td colspan="3">□其他</td></tr>
<tr><td rowspan="4"></td><td colspan="2">□折页　手　　锁线　　手</td><td colspan="3">□胶装　　手　　　□骑马订　　手</td></tr>
<tr><td colspan="2">□手工锁线　　　叠</td><td colspan="3">□打孔</td></tr>
<tr><td colspan="2">□模切规格</td><td colspan="3">□裱糊面积</td></tr>
<tr><td colspan="2">□穿绳　　长　　　　cm</td><td colspan="3">□其他</td></tr>
<tr><td rowspan="2"></td><td colspan="2">□模切规格</td><td colspan="3">□裱糊面积</td></tr>
<tr><td colspan="2">□订口位</td><td colspan="3">□粘口位</td></tr>
<tr><td></td><td>其他说明</td><td colspan="5"></td></tr>
<tr><td></td><td>包装方式</td><td colspan="5"></td></tr>
<tr><td></td><td>工单发送部门</td><td colspan="5">□工艺管理部　　　□设计部　　　　□CTP　　　　　□印刷部
□印后加工部　　　□质检部　　　　□采购部　　　　□仓库</td></tr>
<tr><td></td><td>跟单员</td><td></td><td>负责人</td><td></td><td>备注</td><td></td></tr>
<tr><td></td><td>业务员</td><td></td><td>负责人</td><td></td><td>备注</td><td></td></tr>
<tr><td></td><td>制单员</td><td></td><td>负责人</td><td></td><td>备注</td><td></td></tr>
</table>

例：某房地产广告公司现需印刷地产宣传系列产品，包括单页、宣传册、手提袋，根据客户提供的要求，具体施工单如表3-3-2所示。

表3-3-2

<table>
<tr><td rowspan="6">客户要求</td><td>印件名称</td><td colspan="2">XX地产广告</td><td>客户名称</td><td colspan="3">XX房地产广告公司</td></tr>
<tr><td>印件类别</td><td colspan="2">广告</td><td>开单时间</td><td>2015年12月3日</td><td>交货时间</td><td>2015年12月20日</td></tr>
<tr><td rowspan="3">成品尺寸</td><td colspan="2">单张：210mm×297mm</td><td rowspan="3">成品数量</td><td rowspan="3">单张：10000张
宣传册：1000册
手提袋：1000个</td><td rowspan="3">成品开度</td><td rowspan="3">单张：大16开
宣传册：大16开</td></tr>
<tr><td colspan="2">宣传册：
210mm×285mm
手提袋：</td></tr>
<tr><td colspan="2">170mm×215mm×50mm</td></tr>
<tr><td>原稿</td><td colspan="6">客户提供的PDF文件</td></tr>
<tr><td rowspan="11">印刷要求</td><td>项目</td><td>单张</td><td colspan="2">宣传册</td><td>手提袋</td><td colspan="2">完成时间</td></tr>
<tr><td>总页数</td><td>1</td><td colspan="2">8</td><td></td><td colspan="2">略</td></tr>
<tr><td>纸张名称</td><td>250g/m²铜版纸</td><td colspan="2">157g/m²亚粉纸</td><td>120g/m²白牛皮纸</td><td colspan="2"></td></tr>
<tr><td>用纸规格</td><td>890mm×1240mm</td><td colspan="2">889mm×1194mm</td><td>850mm×1168mm</td><td colspan="2"></td></tr>
<tr><td>裁纸规格</td><td>440mm×620mm</td><td colspan="2">440mm×597mm</td><td>840mm×570mm</td><td colspan="2"></td></tr>
<tr><td>用纸数量</td><td>略</td><td colspan="2"></td><td></td><td colspan="2"></td></tr>
<tr><td>印刷色数</td><td>4+0</td><td colspan="2">4+4</td><td>4+0</td><td colspan="2"></td></tr>
<tr><td>拼版方式</td><td>单面印刷</td><td colspan="2">套翻印刷</td><td>单面印刷</td><td colspan="2"></td></tr>
<tr><td>印刷版数</td><td>4开×4块</td><td colspan="2">4开×8块</td><td>对开×4块</td><td colspan="2"></td></tr>
<tr><td>印刷机台</td><td>1号机</td><td colspan="2">1号机</td><td>2号机</td><td colspan="2"></td></tr>
<tr><td>印刷色序</td><td>正常</td><td colspan="2">正常</td><td>正常</td><td colspan="2"></td></tr>
<tr><td rowspan="12">印后加工要求</td><td>加工项目</td><td colspan="6">加工内容</td></tr>
<tr><td rowspan="3">手提袋</td><td colspan="3">□烫金面积</td><td colspan="3">□压凸</td></tr>
<tr><td colspan="3">□过UV油</td><td colspan="3">□水晶油</td></tr>
<tr><td colspan="3">□模切规格</td><td colspan="3">■裱糊面积　20mm×215mm</td></tr>
<tr><td></td><td colspan="3">□过塑　　■穿绳　长 25 cm</td><td colspan="3">□其他</td></tr>
<tr><td rowspan="4">宣传册</td><td colspan="3">■折页 1 手　　锁线　手</td><td colspan="3">□胶装　手　　■骑马订 1 手</td></tr>
<tr><td colspan="3">□手工锁线　　叠</td><td colspan="3">□打孔</td></tr>
<tr><td colspan="3">□模切规格</td><td colspan="3">□裱糊面积</td></tr>
<tr><td colspan="3">□穿绳　长　　cm</td><td colspan="3">□其他</td></tr>
<tr><td rowspan="2"></td><td colspan="3">□模切规格</td><td colspan="3">□裱糊面积</td></tr>
<tr><td colspan="3">□订口位</td><td colspan="3">□粘口位</td></tr>
<tr><td>其他说明</td><td colspan="6">单张按成品规格裁切</td></tr>
<tr><td colspan="2">包装方式</td><td colspan="6">纸箱包装</td></tr>
<tr><td colspan="2" rowspan="2">工单发送部门</td><td colspan="2">■工艺管理部　　□设计部</td><td colspan="2">■CTP</td><td>■印刷部</td></tr>
<tr><td colspan="2">■印后加工部　　■质检部</td><td colspan="2">□采购部</td><td>■仓库</td></tr>
<tr><td colspan="2">跟单员</td><td colspan="2"></td><td>负责人</td><td>备注</td><td></td></tr>
<tr><td colspan="2">业务员</td><td colspan="2"></td><td>负责人</td><td>备注</td><td></td></tr>
<tr><td colspan="2">制单员</td><td colspan="2"></td><td>负责人</td><td>备注</td><td></td></tr>
</table>

根据施工单，"单张"、"宣传册"、"手提袋"需分别拼版输出。其中"单张"和"手提袋"是单面印刷，"宣传册"是套翻版印刷。各项目拼版样式如图3-3-1所示。

拼版时，依据拼版样式和施工单具体要求，在拼大版软件中分别设置成品尺寸、拼版方式、页码、纸张尺寸、装订方式等参数。

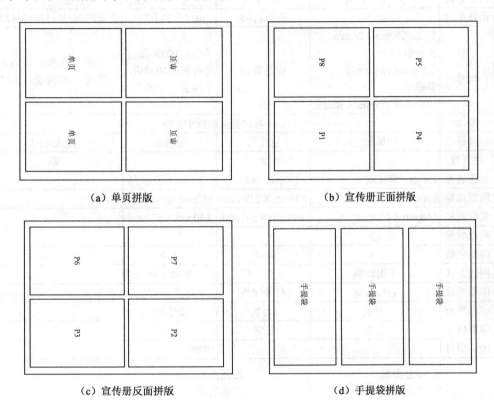

（a）单页拼版　　　　　　　　　　　　（b）宣传册正面拼版

（c）宣传册反面拼版　　　　　　　　　（d）手提袋拼版

图3-3-1

技能训练
阅读生产施工单

1. 请先阅读以下印刷要求。现代画册杂志社需印刷《时尚杂志》2013年第十期共5000本，交货期限为15天，客户提供杂志PDF文档，印刷车间可以安排四开和对开印刷机各一台用于该杂志印刷。

2. 请打开客户提供的"时尚杂志.PDF"文档，根据已知印刷条件，合理安排印刷，并将下面印刷施工单补充完整。

表3-3-3　印刷施工单

<table>
<tr><td rowspan="4">客户
要求</td><td>印件名称</td><td></td><td>客户名称</td><td colspan="3"></td></tr>
<tr><td>印件类别</td><td></td><td>开单时间</td><td></td><td>交货时间</td><td></td></tr>
<tr><td>成品尺寸</td><td></td><td>成品数量</td><td></td><td>成品开度</td><td></td></tr>
<tr><td>原稿</td><td colspan="5"></td></tr>
<tr><td rowspan="12">印刷
要求</td><td>项目</td><td></td><td></td><td></td><td>完成时间</td><td></td></tr>
<tr><td>总页数</td><td colspan="5"></td></tr>
<tr><td>纸张名称</td><td colspan="5"></td></tr>
<tr><td>用纸规格</td><td colspan="5"></td></tr>
<tr><td>裁纸规格</td><td colspan="5"></td></tr>
<tr><td>用纸数量</td><td colspan="5"></td></tr>
<tr><td>印刷色数</td><td colspan="5"></td></tr>
<tr><td>拼版方式</td><td colspan="5"></td></tr>
<tr><td>印刷版数</td><td colspan="5"></td></tr>
<tr><td>印刷机台</td><td colspan="5"></td></tr>
<tr><td>印刷色序</td><td colspan="5"></td></tr>
<tr><td>加工项目</td><td colspan="5">加工内容</td></tr>
<tr><td rowspan="6">印后
加工
要求</td><td></td><td colspan="5">□烫金面积　　　　　　　　　　　□压凸
□过UV油　　　　　　　　　　　　□水晶油
□模切规格　　　　　　　　　　　□裱糊面积
□过塑　　□穿绳　长　　cm　　　□其他</td></tr>
<tr><td></td><td colspan="5">□折页　手　锁线　手　　　　　□胶装　手　　　□骑马订　　手
□手工锁线　　　叠　　　　　　□打孔
□模切规格　　　　　　　　　　□裱糊面积
□穿绳　长　　　　cm　　　　　□其他</td></tr>
<tr><td></td><td colspan="5">□模切规格　　　　　　　　　　□裱糊面积
□订口位　　　　　　　　　　　□粘口位</td></tr>
<tr><td>其他说明</td><td colspan="5"></td></tr>
<tr><td colspan="2">包装方式</td><td colspan="4"></td></tr>
<tr><td colspan="2">工单发送部门</td><td colspan="4">□工艺管理部　　　□设计部　　　□CTP　　　　□印刷部
□印后加工部　　　□质检部　　　□采购部　　　□仓库</td></tr>
</table>

<table>
<tr><td>跟单员</td><td></td><td>负责人</td><td></td><td>备注</td><td></td></tr>
<tr><td>业务员</td><td></td><td>负责人</td><td></td><td>备注</td><td></td></tr>
<tr><td>制单员</td><td></td><td>负责人</td><td></td><td>备注</td><td></td></tr>
</table>

任务四 Preps6.2 拼版准备工作

一、设置首选项

在使用Preps6.2进行拼版作业前，可以在Preps首选项中设置各种参数的默认值，如默认尺寸单位、默认装订方式、默认输出常规等，这些默认值在软件的其他区域中显示，仍可以编辑。也可以选择将各种设置组合存储在自定义描述文件中。打开"首选项"对话框有以下两种方式：

（1）在Mac OS中：执行"Preps">"首选项"命令，打开"首选项"对话框。

（2）在Microsoft Windows 中：执行"编辑">"首选项"命令，打开"首先项"对话框。

在"首选项"对话框中"常规"选项卡中将单位设置为毫米；在"首选项"对话框"输出常规"选项卡中勾选"打印出血位裁切标记"，其他选项可根据实际生产常规做相应的设置。如图3-4-1和图3-4-2所示。

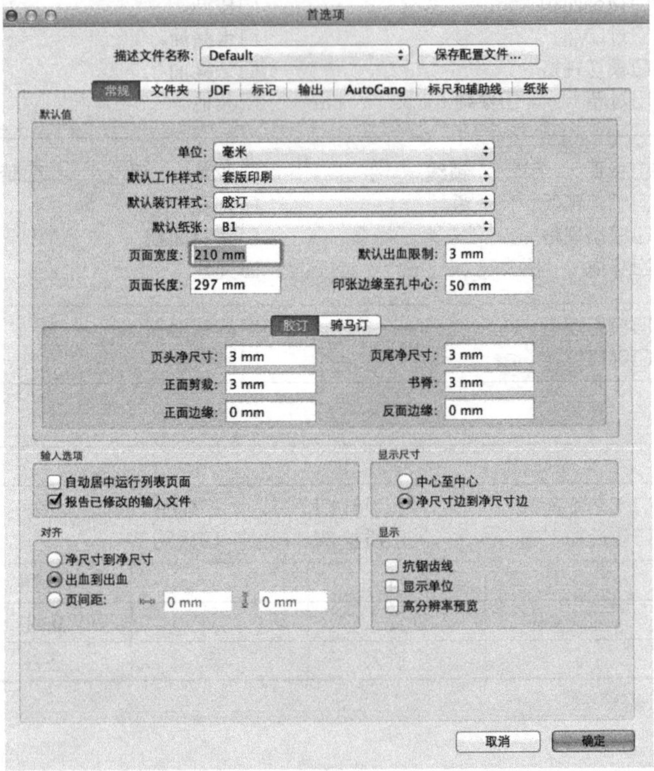

图3-4-1

图3-4-2

二、新建版材资源

资源窗格中提供了纸张、版材、标记、版式列表。在资源列表中设置好常用的纸张和版材尺寸、标记类型，进行拼版作业时将资源手动拖到版式，可以提高工作效率。

在版材列表中添加资源，先安装 PPD 文件并将其粘贴到 \Printers\ppd\ 文件夹。PPD 文件的名称必须以 .ppd 结尾，并且不包含任何特殊字符。

新建版材资源操作方法如下：

1. 选择版材列表，在默认版材尺寸上单击鼠标右键，选择"添加"选项，在打开的对话框中选择一种版材类型，如：PrinergyRefiner，给版材命名，一般用尺寸命名。

2. 确定后打开版材设置对话框，可以选择尺寸列表中的版材尺寸，也可以选择"自定义大小"，添加版材尺寸，设置宽度和高度，如图3-4-3～3-4-6所示。

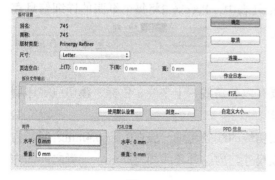

图3-4-3

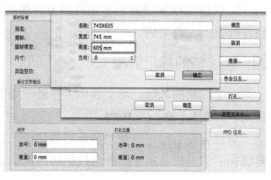

图3-4-4

31

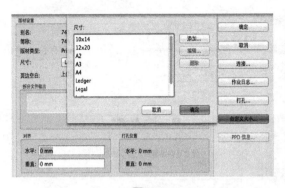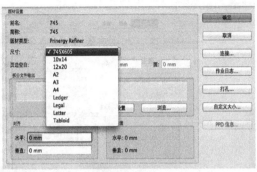

图3-4-5   图3-4-6

3. 新建的版材资源显示在资源窗格的版材列表中，Preps将每个版材的详细信息存储在Printers文件夹内。

三、新建纸张资源

纸张列表包含可用的印页大小，每个纸张资源表示一张单面或两面印刷用以制作最终印刷品的印页。新建纸张资源操作方法如下：

1. 选择纸张列表，在资源类似的现有纸张上单击鼠标右键，选择"添加"选项，在打开的对话框中输入纸张尺寸，可以存储的信息包括纸张名称、制造商、尺寸、重量和纹理方向。如图3-4-7所示。

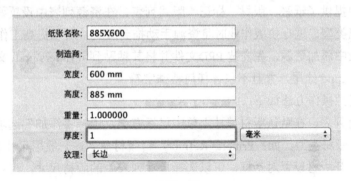

图3-4-7

2. 新建的纸张资源显示在资源窗格的纸张列表中，Preps6.2将每个纸张的详细信息存储在Printers文件夹内。

四、创建新的标记资源

一个完整的大版，除了版面内容外，还要有内外角线、十字线、色标、裁切线等印刷标记。如图3-4-8所示。

裁切标记包括内外角线和页间裁切线，裁切线的线条粗细一般在0.2～0.4mm之间。内角线标明的是成品尺寸，外角线标明的是制版尺寸，内、外角线相差3mm，二者之间的内容即出血部分。裁切线表明了印刷品最终的裁切部位，页间的裁切线距离一般为6mm。如果是装订位置或纸张局限，可以根据实际情况调整。

图3-4-8

为避免配页时出错，书刊拼版时应添加帖标。Preps中默认平订的帖标在书脊处，骑马订的帖标在天头处。

Preps6.2中文版标记中的内容为变量，内容可以设置为正反面、颜色、时间等。

十字线、裁切线等所有标记都会出现在每个色版上，并应置于内角线3mm外，若是出血的印刷品，标记应置于外角线3mm外，这样才能保证印完之后经过裁切，所有的标记被裁掉。

在Preps6.2的标记列表中提供了多个标记组，也可以根据需要创建、编辑和复制单个标记或标记组。

添加标记的操作方法如下：

1. 在"首选项">"文件夹选项"中，设置默认模版、标记和资源路径，也可以使用系统默认路径。

2. 执行"资源">"新建SmartMark"命令，选择标记类型，编辑名称和属性，保存标记。标记显示在标记列表和Mark>SmartMark文件夹中。（只有存储在该文件夹中的标记才会显示在标记列表中）。也可以在SmartMark文件夹中创建新的子文件夹，将标记拖到新文件夹中，创建标记组。

3. 图3-4-9为Tutorial标记组中的标记，可以根据需要直接双击使用，还可以从属性窗口中编辑该标记的位置，编辑后的参数只用于当前大版。

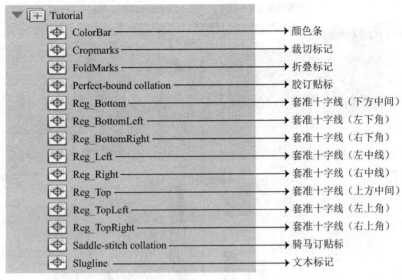

Tutorial	
ColorBar	→ 颜色条
Cropmarks	→ 裁切标记
FoldMarks	→ 折叠标记
Perfect-bound collation	→ 胶订贴标
Reg_Bottom	→ 套准十字线（下方中间）
Reg_BottomLeft	→ 套准十字线（左下角）
Reg_BottomRight	→ 套准十字线（右下角）
Reg_Left	→ 套准十字线（左中线）
Reg_Right	→ 套准十字线（右中线）
Reg_Top	→ 套准十字线（上方中间）
Reg_TopLeft	→ 套准十字线（左上角）
Reg_TopRight	→ 套准十字线（右上角）
Saddle-stitch collation	→ 骑马订贴标
Slugline	→ 文本标记

图3-4-9

技能训练
Preps6.2 相关设置

1. 启动Preps6.2，在Preps6.2中创建以下版材资源：745mm×605mm；730mm×605mm；1030mm×800mm。

2. 启动Preps6.2，在Preps6.2中创建以下纸张资源：440mm×597mm；590mm×887mm。

3. 在Preps6.2中创建标记组。单击标记窗口，选择Tutorial标记组并展开，选择colorBar标记，单击鼠标右键复制，在打开的对话框中按保存按钮，在默认保存文件夹SmarkMarks中新建"单面印刷标记组"文件夹，将colorBar标记保存至该文件夹内。用以上方法将Cropmarks、Reg-Left、Reg-Right、Slugline标记保存。完成后标记窗口中新增"单面印刷标记组"，使用时根据实际拼版需要可选择标记组单击鼠标右键，将标记组中所有标记添加至模版中。

项目四

单页拼版

任务一 "年历"拼版

请根据以下印刷施工单要求将"年历"在Preps6.2中创建模版拼版并打印PDF文档。

表4-1-1

印件名称	年历					
印件类型	单页	开单时间	2013.1.5	交货时间	2013.1.15	
文件类型	PDF		文件数量		1	
成品尺寸	210mm×285mm		成品数量	5000张	成品开度	大16开
总页数	1P		印刷色数		4+0	
拼版方式	单面印刷		印刷用纸		150g/m² 双铜纸	
裁纸尺寸	440mm×597mm		印版规格		730mm×605mm	
装订方式	无		折页方式		无	
印后加工	按成品规格裁切					

在Preps6.2中，模版提供了一种模式或框架，作业页面将排入该模式或框架以确保作业打印时，页面能够正确拼版和放置。可以使用Preps6.2软件模版库中附带的模版，也可以自定义模版并保存以便使用。模版的使用不限于特定作业，可以重复用于多个作业，而不必考虑作业的页数。模版的创建基于印刷设备、装订样式、成品净尺寸、印刷方式。模版的组成包含：印版尺寸、印张尺寸、书帖、拼版页面、拼版标记、页间距等。

在Preps6.2中创建模版的基本流程：新建产品－添加印版、印张－创建拼版－调整页间距－添加页码－添加标记－打印或保存作业。

操作提示

1. 查看拼版文档成品尺寸。在Acrobat中打开用于拼版的PDF文档，执行"工具"＞"印刷制作"＞"设置页面框"命令，在对话框中查看"裁切框"尺寸，确认拼版文档的成品尺寸。如图4-1-1所示。

2. 启动Preps6.2。选择产品窗口，在右侧产品属性中将产品名称设为"年历"，如图4-1-2所示。在印刷运行列表窗格中设置印刷方式。Preps6.2提供了5种印刷方式：套版印刷、自翻、对翻、单面印刷、双面印刷。本任务"年历"成品为单面四色印刷，故选择"单面印刷"，如图4-1-3所示。

套翻印刷：套翻版印刷拼版，纸张两面印刷不同内容。

自翻：自翻版拼版，将拼版的两面输出到同一副印版上。

对翻：自翻版中的天地翻。

单面印刷：单面印刷方式只印刷印张的正面。这种印刷方式一般用于海报等单面印刷品。

双面印刷：用于单张纸的双面印刷机，印张印完后正面后侧向翻转，再旋转180°之后印背面。

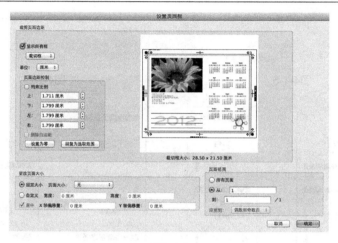

图4-1-1

3. 设置纸张和印版尺寸。根据施工单的纸张和印版尺寸设置纸张尺寸440mm×597mm，印版尺寸730mm×605mm（步骤参考项目三/任务四 Preps准备工作），双击将纸张和印版添加到印刷运行窗口。如图4-1-4所示。

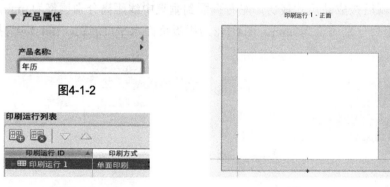

图4-1-2

图4-1-3   图4-1-4

4. 创建模版。执行"作业">"创建拼版"命令，打开"创建拼版"对话框，如图4-1-5所示。在对话框中设置成品尺寸和拼版数量，确定后如图4-1-6所示。本任务将十六开成品印刷在四开纸张幅面中，纸张一面共拼4个成品页面，分别设置水平2个页面，垂直

2个页面，参考页面指左下角页面天头的方向，安排附加页面中有头对头、头对尾、尾对尾、尾对头四种方式，如图4-1-7所示。书刊印刷中可以根据折样设置页面方向，单张印刷页面一般使用头对头或头对尾。

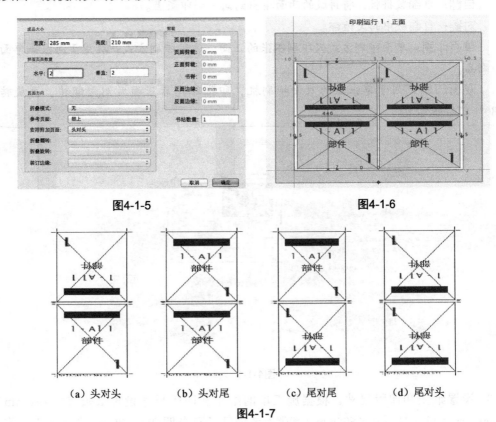

图4-1-5　　　　　　　　　　　　　　图4-1-6

（a）头对头　　　（b）头对尾　　　（c）尾对尾　　　（d）尾对头

图4-1-7

5. 调整页间距。单击两个页面之间水平和垂直的数值，本任务"年历"一个版面中拼4个页面，印刷后按成品尺寸裁切，左右页面到垂直中线距离分别调整为3mm，上下页面到水平中线距离分别调整为3mm。图4-1-8为拼版页面水平页间距，图4-1-9为拼版页面垂直页间距。

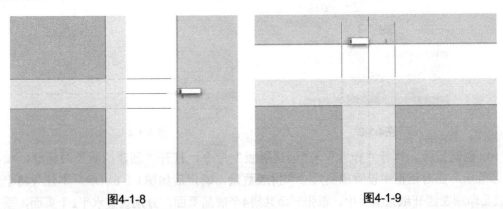

图4-1-8　　　　　　　　　　　　　　图4-1-9

6. 为模版添加标记。选择标记窗口，可以直接将项目三/任务四中创建的"单面印刷标记组"应用至模版中，亦可以从Tutorial标记组中分别双击ColorBar、Cropmarks、Reg-Left、Reg-Right、Slugline标记，将标记添加至拼版页面中。

7. 添加拼版文件。在文件窗口中单击"+"按钮，将"年历"PDF文档添加到文件列表中。切换到页面列表窗口，将文件拖到页面列表窗口中。如图4-1-10和图4-1-11所示。从印刷运行窗口中可以查看拼版版面预览。

图4-1-10   图4-1-11

8. 保存打印文件。执行"文件">"另存为"命令，将文件命名为：年历。保存为年历.job。保存为job的文件在Preps6.2中打开时将包括模版和已添加到文件窗口的PDF文件。执行"文件">"打印"命令，按输出需要选择文件类型，本任务选择发送到PDF，如图4-1-12所示。拼版PDF文档如图4-1-13所示。

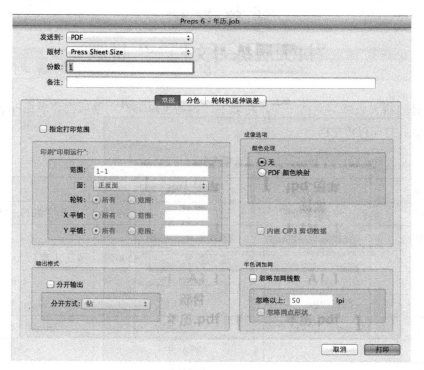

图4-1-12

图4-1-13

技能训练
"拼大版练习文档一"拼版

请打开"拼大版练习文档一",将以下印刷施工单补充完整后按要求在Preps6.2中创建拼版模版并打印PDF文档。

表4-1-2

印件名称	拼大版练习文档一				
印件类型	单页	开单时间	2015.1.5	交货时间	2015.1.15
文件类型			文件数量		
成品尺寸			成品数量	5000张	成品开度
总页数			印刷色数		4+0
拼版方式	单面印刷		印刷用纸		150g/m²双铜纸
裁纸尺寸	440mm×620mm		印版规格		730mm×605mm
装订方式	无		折页方式		无
印后加工	按成品尺寸裁切				

"玉米海报" 拼版及输出

请根据表4-2-1印刷施工单要求将"玉米海报"在Preps6.2中创建模版拼版并输出印版。

表4-2-1

<table>
<tr><td rowspan="4">客户要求</td><td>印件名称</td><td>玉米海报</td><td>客户名称</td><td colspan="4">波力食品</td></tr>
<tr><td>印件类别</td><td>广告</td><td>开单时间</td><td>2015年12月3日</td><td>交货时间</td><td colspan="2">2015年12月20日</td></tr>
<tr><td>成品尺寸</td><td>单张：420mm×297mm</td><td>成品数量</td><td>单张：10000张</td><td>成品开度</td><td colspan="2">单张：大8开</td></tr>
<tr><td>原稿</td><td colspan="6">客户提供的PDF文件</td></tr>
<tr><td rowspan="11">印刷要求</td><td>项目</td><td>单张</td><td></td><td colspan="4">备注</td></tr>
<tr><td>总页数</td><td>1</td><td></td><td colspan="4"></td></tr>
<tr><td>纸张名称</td><td>250g/m²铜版纸</td><td></td><td colspan="4"></td></tr>
<tr><td>用纸规格</td><td>890mm×1240mm</td><td></td><td colspan="4"></td></tr>
<tr><td>裁纸规格</td><td>450mm×610mm</td><td></td><td colspan="4"></td></tr>
<tr><td>印刷色数</td><td>4+0</td><td></td><td colspan="4"></td></tr>
<tr><td>拼版方式</td><td>单面印刷</td><td></td><td colspan="4"></td></tr>
<tr><td>印刷版数</td><td>4开×4块</td><td></td><td colspan="4"></td></tr>
<tr><td>印刷机台</td><td>1号机</td><td></td><td colspan="4"></td></tr>
<tr><td>印刷色序</td><td>正常</td><td></td><td colspan="4"></td></tr>
<tr><td rowspan="9">印后加工要求</td><td>加工项目</td><td colspan="6">加工内容</td></tr>
<tr><td rowspan="4"></td><td colspan="3">□烫金面积</td><td colspan="3">□压凸</td></tr>
<tr><td colspan="3">□过UV油</td><td colspan="3">□水晶油</td></tr>
<tr><td colspan="3">□模切规格</td><td colspan="3">□裱糊面积</td></tr>
<tr><td colspan="3">□过塑　　□穿绳　长　　cm</td><td colspan="3">□其他</td></tr>
<tr><td rowspan="3"></td><td colspan="3">□折页　手　锁线　手</td><td colspan="3">□胶装　手　　　□骑马订　手</td></tr>
<tr><td colspan="3">□手工锁线　叠</td><td colspan="3">□打孔</td></tr>
<tr><td colspan="3">□模切规格</td><td colspan="3">□裱糊面积</td></tr>
<tr><td rowspan="2"></td><td colspan="3">□穿绳　长　　　　cm</td><td colspan="3">□其他</td></tr>
<tr><td colspan="3">□模切规格
□订口位</td><td colspan="3">□裱糊面积
□粘口位</td></tr>
<tr><td>其他说明</td><td colspan="6">单张按成品规格裁切</td></tr>
<tr><td colspan="2">包装方式</td><td colspan="6">每100张一扎，用纸箱包装交客户自提</td></tr>
<tr><td colspan="2">工单发送部门</td><td colspan="2">■工艺管理部　　□设计部
■印后加工部　　■质检部</td><td colspan="4">■CTP　　　　　■印刷部
□采购部　　　　■仓库</td></tr>
<tr><td colspan="2">跟单员</td><td colspan="2"></td><td>负责人</td><td></td><td>备注</td><td></td></tr>
<tr><td colspan="2">业务员</td><td colspan="2"></td><td>负责人</td><td></td><td>备注</td><td></td></tr>
<tr><td colspan="2">制单员</td><td colspan="2"></td><td>负责人</td><td></td><td>备注</td><td></td></tr>
</table>

数字化工作流程系统是基于RIP核心技术，整合了网络化印刷技术、数码打样功能和生产控制信息传递的一个综合性软件系统，常见的印前输出流程软件主要有克里奥印能捷Prinergy、爱克发ApogeeX、方正畅流ElecRoc等。数字化工作流程系统是一个典型的服务器/客户端软件系统，因此，流程软件的使用与设置操作必须在服务器端和客户端分别进行，一般对系统进行设置操作必须在服务器端完成，使用流程系统进行生产操作可以在客户端进行。项目三和项目四将结合实际生产应用，下面简单介绍印能捷Prinergy的基本使用方法。

印能捷Connect系统包括一个或多个服务器和若干客户端。客户端软件称为 Workshop。这是印能捷 Connect 系统的主用户界面。可用于创建、编辑和监视作业。服务器软件称为印能捷服务器，它可协调来自 Workshop 的请求，并维护存储作业信息的数据库。

操作提示

1. 登录印能捷客户端Workshop，在登录窗口中输入用户名及密码。如图4-2-1所示。

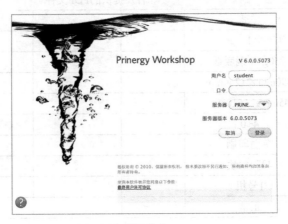

图4-2-1

2. 图4-2-2为印能捷Workshop的作业浏览器界面。界面中包括作业和预交作业窗口，在作业窗口中，可以创建作业、打开作业以及将作业组织到组中。在作业窗口中单击鼠标右键新建组"波力食品"，在该组中单击鼠标右键新建作业"玉米海报"。如图4-2-3和图4-2-4所示。

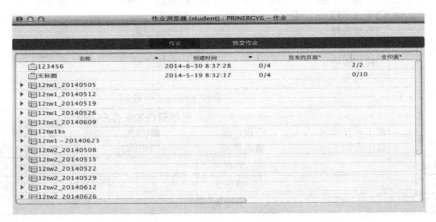

图4-2-2

图4-2-3   图4-2-4

3. 将要输出的"玉米海报"上传至服务器"波力食品"文件夹内。在作业窗口双击"玉米海报"文件夹，打开作业管理器。在输入文件窗格单击鼠标右键选择"添加输入文件"命令，将"玉米肉松海报"PDF文件添加至输入文件窗格中，如图4-2-5所示。

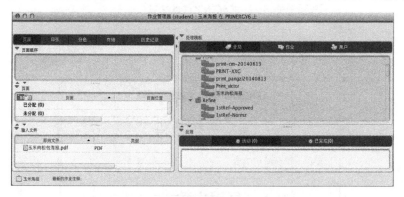

图4-2-5

4. 精炼文件。印能捷的精炼处理可将输入文件转换成独立的 PDF 文件，其中包含嵌入的字体和图像。有关精炼的设置可在作业管理器的处理模版窗格"精炼"文件夹中设置。右键单击"玉米肉松海报.PDF"文档，选择"精炼"选项，开始处理文档，如图4-2-6所示，精炼完成后文档在页面窗格/未分配文件夹下，右键单击将未分配的页面分配到页面位置。如图4-2-7所示。

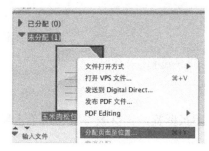

图4-2-6   图4-2-7

5. 创建拼版。

方法一：分配页面后，在Preps6.2中创建一个拼版，将拼版保存为JDF或JT格式，将拼版拖放到热文件夹中，从文件菜单中，选择导入拼版方案。

方法二：导入文件并精炼页面后，从文件菜单中选择创建新的拼版，在"新建拼版"对话框中，输入拼版的名称，选择导入类型，然后单击"确定"按钮。在"新拼版详细信息"对话框中，选择现有页面集或创建新的页面集，单击"确定"按钮。Preps6.2随即启动，在Preps6.2中，创建用于新拼版的模版。完成后选择"保存并返回印能捷"，拼版将自动出现在Workshop中。

本任务采用方法一拼版。

6. 在preps6.2中创建模版，如图4-2-8所示，保存JDF格式。将模版放到服务器Templates文件夹内，如图4-2-9所示。

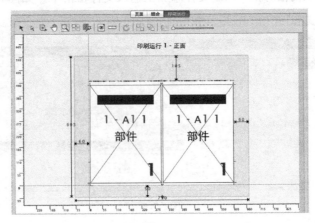

图4-2-8

图4-2-9

7. 单击印张标签，在拼版方案窗口单击鼠标右键，选择导入拼版方案，结果如图4-2-10所示。

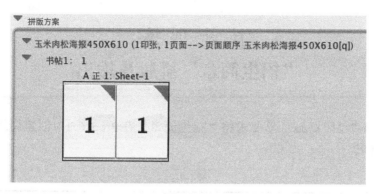

图4-2-10

8. 将拼好版的页面按输出要求输出，如图4-2-11所示。从分色窗口中可以查看分色结果。如图4-2-12所示。

图4-2-11

图4-2-12

技能训练

"招生简章"拼版及输出

请根据表4-2-2印刷施工单要求将"招生简章"在Preps6.2中创建模版拼版并使用Prinergy输出印版。

表4-2-2

<table>
<tr><td rowspan="4">客户要求</td><td>印件名称</td><td>招生简章</td><td>客户名称</td><td colspan="4">XX教育集团</td></tr>
<tr><td>印件类别</td><td>广告</td><td>开单时间</td><td>2015年3月3日</td><td>交货时间</td><td colspan="2">2015年3月15日</td></tr>
<tr><td>成品尺寸</td><td>285mm×420mm</td><td>成品数量</td><td>单张：1000张</td><td>成品开度</td><td colspan="2">单张：4开</td></tr>
<tr><td>原稿</td><td colspan="6">客户提供的PDF文件</td></tr>
<tr><td rowspan="11">印刷要求</td><td>项目</td><td>单张</td><td colspan="2"></td><td colspan="3">备注</td></tr>
<tr><td>总页数</td><td>1</td><td colspan="2"></td><td colspan="3"></td></tr>
<tr><td>纸张名称</td><td>250g/m²铜版纸</td><td colspan="2"></td><td colspan="3"></td></tr>
<tr><td>用纸规格</td><td>890mm×1240mm</td><td colspan="2"></td><td colspan="3"></td></tr>
<tr><td>裁纸规格</td><td>880mm×597mm</td><td colspan="2"></td><td colspan="3"></td></tr>
<tr><td>印刷色数</td><td>4+0</td><td colspan="2"></td><td colspan="3"></td></tr>
<tr><td>拼版方式</td><td>单面印刷</td><td colspan="2"></td><td colspan="3"></td></tr>
<tr><td>印刷版数</td><td>4开×4块</td><td colspan="2"></td><td colspan="3"></td></tr>
<tr><td>印刷机台</td><td>1号机</td><td colspan="2"></td><td colspan="3"></td></tr>
<tr><td>印刷色序</td><td>正常</td><td colspan="2"></td><td colspan="3"></td></tr>
<tr><td colspan="7"></td></tr>
<tr><td rowspan="6">印后加工要求</td><td>加工项目</td><td colspan="6">加工内容</td></tr>
<tr><td></td><td colspan="3">□烫金面积
□过UV油
□模切规格
□过塑　　□穿绳　长　　cm</td><td colspan="3">□压凸
□水晶油
□裱糊面积
□其他</td></tr>
<tr><td></td><td colspan="3">□折页 1 手　□锁线　　手
□手工锁线　　叠
□模切规格
□穿绳　　长</td><td colspan="3">□胶装　　手　　□骑马订　　手
□打孔
□裱糊面积
□其他</td></tr>
<tr><td></td><td colspan="3">□模切规格
□订口位</td><td colspan="3">□裱糊面积
□粘口位</td></tr>
<tr><td>其他说明</td><td colspan="6">单张按成品规格裁切</td></tr>
<tr><td colspan="7"></td></tr>
<tr><td colspan="2">包装方式</td><td colspan="6">每100张一扎，用纸箱包装交客户自提</td></tr>
<tr><td colspan="2" rowspan="2">工单发送部门</td><td colspan="2">■工艺管理部　　　　□设计部</td><td colspan="2">■CTP</td><td>■印刷部</td></tr>
<tr><td colspan="2">■印后加工部　　　　■质检部</td><td colspan="2">□采购部</td><td>■仓库</td></tr>
<tr><td colspan="2">跟单员</td><td></td><td>负责人</td><td></td><td>备注</td><td></td></tr>
<tr><td colspan="2">业务员</td><td></td><td>负责人</td><td></td><td>备注</td><td></td></tr>
<tr><td colspan="2">制单员</td><td></td><td>负责人</td><td></td><td>备注</td><td></td></tr>
</table>

 **"健身协会手提袋"拼版及输出**

请根据表4-3-1印刷施工单要求将"健身协会手提袋"在Preps6.2中创建模版拼版并输出印版。

表4-3-1

客户要求	印件名称	健身协会手提袋	客户名称	××健身协会		
	印件类别	手提袋	开单时间	2015年5月8日	交货时间	2015年5月20日
	成品尺寸	170mm×210mm×50mm	成品数量	50000个		
	原稿	客户提供的PDF文件				
印刷要求	项目	手提袋			备注	
	纸张名称	$120g/m^2$白牛皮纸				
	裁纸规格	840mm×570mm				
	印刷色数	4+0				
	拼版方式	按成品与纸张规格安排拼版				
	印刷版数	4块				
	印刷机台	2号机				
	印刷色序	正常				
印后加工要求	加工项目	加工内容				
	手提袋	□烫金面积　　　　　　　　　　□压凸 □过UV油　　　　　　　　　　□水晶油 □模切规格　　　　　　　　　　■裱糊面积　25mm×210mm □过塑　　■穿绳　长 25 cm　□其他				
	其他说明	按客户要求装订				
包装方式		每100个一扎，用纸箱包装送客户				
工单发送部门		■工艺管理部　　　□设计部　　　■CTP　　　　　■印刷部 ■印后加工部　　　■质检部　　　□采购部　　　■仓库				
跟单员			负责人		备注	
业务员			负责人		备注	
制单员			负责人		备注	

操作提示

爱克发的Apogee流程系统，是一个较为优秀和典型的数字化工作流程系统，使用服务器/客户端架构。系统以热单或作业单形式组织输出，在作业处理过程中，文档将在作业单的各个组件中进行传递流动，操作员只需要将文档在作业的输入端正确输入，便可以等待印版输出。

1. 登录ApogeeX Prepress 7.0，如图4-3-1所示。

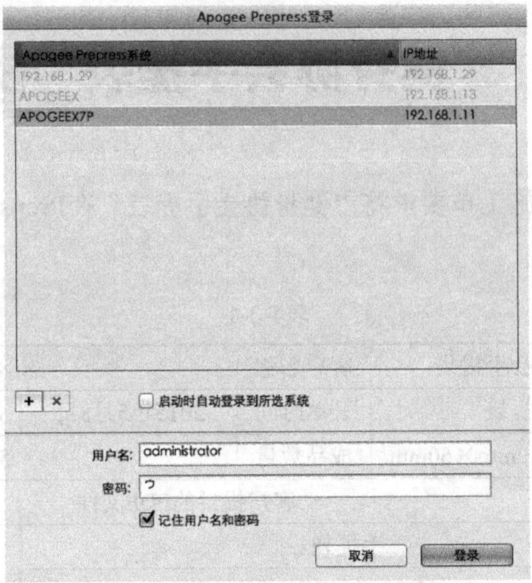

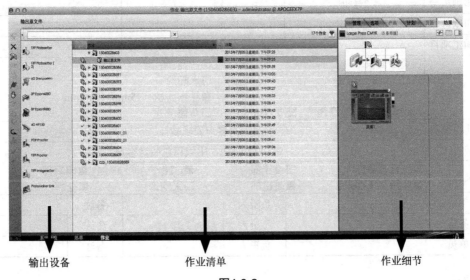

图4-3-1

2. Apogee Prepress界面如图4-3-2所示，界面由输出设备、作业清单、作业细节三部分组成。点击界面左下方操作条上的名称，可以在作业窗口、热单窗口、系统窗口之间切换。

输出设备　　　　　　　　　作业清单　　　　　　　　　作业细节

图4-3-2

3. 选择界面左下方"热单"名称，切换到热单窗口。执行"文件">"新建默认热单"命令，打开热单编辑器，在编辑器"管理"窗口下输入 热单名等，如图4-3-3所示。单击"选项"标签，各项设置如图4-3-4所示。

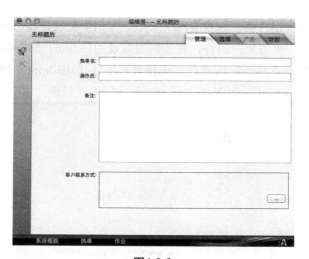

图4-3-3

图4-3-4

4. 选择"计划"标签，编辑流程计划。Apogee使用计划输出作业，可在一个热单计划中输出多个作业。一个完整的计划包括输入、处理和输出组件（每个流程应以印刷机结束）。输入、处理和输出组建位于窗口左侧窗格，使用时将组建拖动到右侧计划窗口即可，应根据实际输出要求使用组件构建数字化工作流程计划。本输出作业将建立的流程为：热文件夹（输入）—分色加网（处理）—直接制版机（输出）—印刷机。如图4-3-5所示。

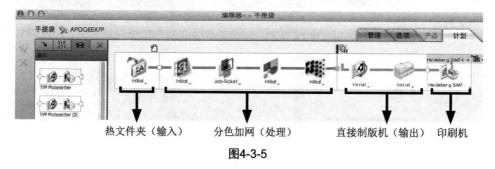

图4-3-5

5. 计划流程中各个组件都可以设置相关参数。本例中将设置输出分辨率、加网线数、印版规格及叼口尺寸。单击加网组件，将加网线数设为133l/in。如图4-3-6所示。单击直接制版机组件，在图标下方的小三角展开，选择对开版材（1030mm×800mm）规格，将下面的成像参数设置为2400dpi，如图4-3-7所示。单击印刷机组件，将叼口尺寸设为30mm。

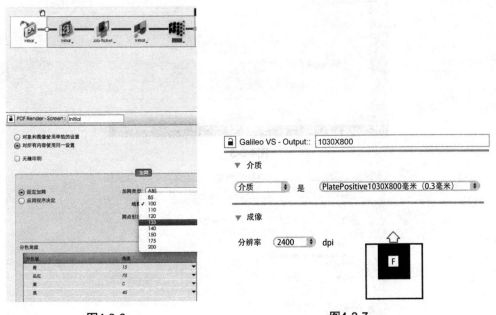

图4-3-6　　　　　　　　　　　　　　　　　　　图4-3-7

6. 参数设置后单击窗口左上角的提交按钮，提交计划。系统切换到热单作业清单窗格，选择热单作业单击鼠标右键，上传输出文档，将拼版的PDF文档上传至服务器，如图4-3-8所示。上传文档后从作业窗口作业清单窗格中选择作业，即可在右侧窗口查看结果，如图4-3-9所示。

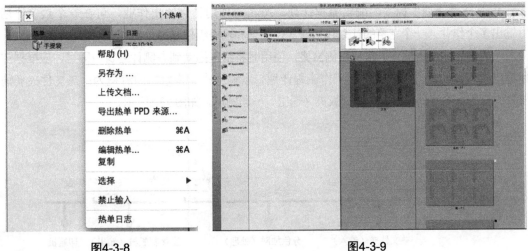

图4-3-8　　　　　　　　　　　　　　　　　　　图4-3-9

技 能 训 练
"手提袋"拼版及输出

请打开"手提袋"文档，将表4-3-2印刷施工单补充完整后按要求在Preps6.2中创建拼版模版并使用Apogee输出。

表4-3-2

客户要求	印件名称	手提袋	客户名称	XX礼品公司		
	印件类别	手提袋	开单时间	2013年5月8日	交货时间	2013年5月20日
	成品尺寸		成品数量	50000个		
	原稿	客户提供的PDF文件				
印刷要求	项目	手提袋			备注	
	纸张名称	120g/m² 白牛皮纸				
	裁纸规格	840mm×570mm				
	印刷色数	4+0				
	拼版方式	按成品与纸张规格安排拼版				
	印刷版数	4块				
	印刷机台	2号机				
	印刷色序	正常				
印后加工要求	加工项目	加工内容				
	手提袋	□烫金面积　　　　　　　　　□压凸 □过UV油　　　　　　　　　□水晶油 □模切规格　　　　　　　　　■裱糊面积　25mm×210mm □过塑　　　■穿绳　长 25 cm　□其他				
	其他说明	按客户要求装订				
	包装方式	每100个一扎，用纸箱包装送客户				
	工单发送部门	■工艺管理部　　　□设计部　　　■CTP　　　■印刷部 ■印后加工部　　　■质检部　　　□采购部　　　■仓库				
	跟单员		负责人		备注	
	业务员		负责人		备注	
	制单员		负责人		备注	

项目五

十六开书刊、画册、杂志拼版

任务一 骑马订书刊拼版

请根据表5-1-1印刷施工单要求将"牙齿美容画册"在Preps6.2中创建模版拼版并打印PDF文档

表5-1-1

印件名称	牙齿美容画册				
印件类型	画册	开单时间	2013.1.5	交货时间	2013.1.15
文件类型	PDF		文件数量	1	
成品尺寸	210mm×285mm		成品数量	5000册	成品开度	大16开
总页数	8P		印刷色数	4+4	
拼版方式	套翻版（共一帖）		印刷用纸	150g/m²双铜纸	
裁纸尺寸	440mm×597mm		印版规格	745mm×605mm	
装订方式	骑马订		折页方式	垂直交叉法	
印后加工	省略				

操作提示

1. 查看拼版文档成品尺寸。在Acrobat中打开用于拼版的PDF文档，执行"工具" > "印刷制作" > "设置页面框"命令，在对话框中查看"裁切框"尺寸，确认拼版文档的成品尺寸。

2. 按施工单要求制作折样。

3. 启动Preps6.2，选择产品窗口，在右侧产品属性中设置产品名称"牙齿美容画册"及装订样式"骑马订"。在新建产品时选择的装订样式将应用于本作业模版中，如需更改装订样式，可选择产品名称后在产品属性中重新设置。产品窗口如图5-1-1所示，产品属性如图5-1-2所示。

图5-1-1

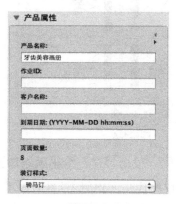

图5-1-2

4. 在资源窗口中新建版材尺寸745mm×606mm，新建纸张尺寸440mm×597mm后双击添加到中间的印刷运行窗口。如图5-1-3所示。

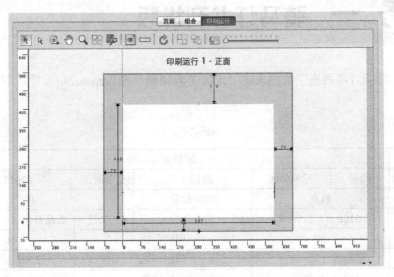

图5-1-3

5. 在印刷运行列表中选择印刷方式。本任务选择"套版印刷"。

6. 创建模版。执行"作业">"创建拼版"命令，参照折样，在创建拼版对话框中设置成品尺寸为宽度210mm，高度285mm，拼版页面数量水平2个，垂直2个，参考页面朝右，安排附加页面头对头。确定后如图5-1-4所示。

7. 调整页间距。页面天头为裁切位，左右到中线距离各为3mm。骑马订订口位置上下到中线距离各为0mm。如图5-1-5所示。

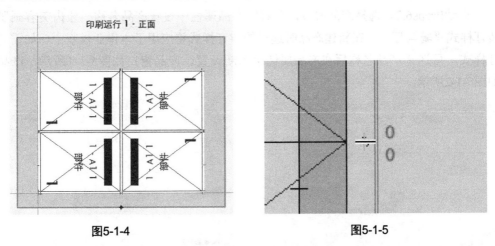

图5-1-4　　　　　　　　　　　　　　　　　图5-1-5

8. 添加页码。根据折样，给模版添加页码。在印刷运行窗口工具栏中单击页码编号工具，根据折样，在正面模版第1页的位置上单击（可以根据印后折页方式，设定将第一页放在左下角或右上角）。依此类推，完成8个页码的添加，如图5-1-6所示。如页码添加错误，可在页码设置框 页码: ▌1　　　　　　　▌中输入当前页码，重新编号。点击翻纸按钮，可显示系统自动在反面模版上设置好对应的页码，如图5-1-7所示。

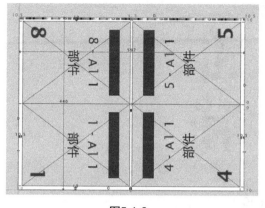

图5-1-6　　　　　　　　　　　　　　　　　图5-1-7

9. 添加标记。从标记资源中选择Tutorial标记组中的ColorBar、Cropmarks、Reg-Left、Reg-Right、Saddle-stitch collation、Slugline标记，为模版添加标记。也可以执行"资源">"新建SmartaMark"命令，新建标记并保存到资源窗口以便再次使用。

10. 添加拼版文件。在文件窗口中单击＋号，将拼版文件添加到文件窗口，如图5-1-8所示。切换到页面列表窗口，将文件拖到页面列表窗口，与页面一一对应，如图5-1-9所示。如操作错误，可按Ctrl+Z(Windows)、Command(Mac)撤销操作。如图5-1-10所示。从印刷运行窗口中可以查看所拼版面预览。

11. 完成后执行"文件">"另存为"命令，为文件命名为：牙齿美容画册。保存为牙齿美容画册.job。执行"文件">"打印"命令，按输出需要选择文件类型，打印用于输出的大版页面。如图5-1-10为正面拼版图示。

图5-1-8　　　　　　　　　　　　　　　　　图5-1-9

12. 保存打印文件。完成后执行"文件">"另存为"命令，为文件命名为：牙齿美容画册。保存为牙齿美容画册.job。执行"文件">"打印"命令，按输出需要选择文件类型，打印用于输出的大版页面。

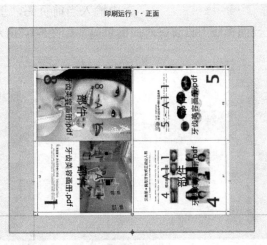

图5-1-10

技能训练
"拼大版练习文档二"拼版

请打开"拼大版练习文档二"，将表5-1-2印刷施工单补充完整后按要求在Preps中创建拼版模版并打印PDF文档。

表5-1-2

印件名称	拼大版练习文档二				
印件类型	书刊	开单时间	2013.1.5	交货时间	2013.1.15
文件类型			文件数量		
成品尺寸			成品数量	5000册	成品开度
总页数			印刷色数	1+1	
拼版方式			印刷用纸	150g/m² 双铜纸	
裁纸尺寸	440mm×597mm		印版规格	745mm×605mm	
装订方式			折页方式	垂直交叉法	
印后加工	省略				

小贴士

在纸张尺寸、成品尺寸、装订方式、折页方式相同的情况下，可以使用同一个模版拼版。打开模版后，根据实际作业的帖数在"印刷运行列表"中选择A1部分，按 进行复制即可。本作业可以使用上述任务的模版，在印刷运行列表上复制两帖后将文件拖到对应页面即可。

任务二 胶订书刊拼版

请根据表5-2-1印刷施工单要求将"《弟子规一》内页"在Preps6.2中创建模版拼版并打印PDF文档。

表5-2-1

印件名称	弟子规一/内页				
印件类型	书刊	开单时间	2015.1.5	交货时间	2015.1.15
文件类型	PDF		文件数量	1	
成品尺寸	210mm×285mm		成品数量	5000册	成品开度	大16开
总页数	32P		印刷色数	1+1	
拼版方式	套翻版（共两帖）		印刷用纸	75g/m² 双胶纸	
裁纸尺寸	880mm×597mm		印版规格	1030mm×800mm	
装订方式	胶订		折页方式	垂直交叉法	
印后加工	省略				

操作提示

1. 查看拼版文档成品尺寸。在Acrobat中打开用于拼版的PDF文档，执行"工具" > "印刷制作" > "设置页面框"命令，在对话框中查看"裁切框"尺寸，确认拼版文档的成品尺寸。

2. 按施工单要求制作折样。

3. 启动Preps6.2，选择产品窗口，在右侧产品属性中设置产品名称为"弟子规一内页"。装订样式设为"胶订"。

4. 添加印版和纸张尺寸，并添加至印刷运行窗口。在印刷运行列表中将印刷方式设为套版印刷。

5. 创建模版。执行"作业" > "创建拼版"命令。在印刷参照折样，在创建拼版对话框中设置成品尺寸为宽度210mm，高度285mm，拼版页面数量水平4个，垂直2个，参考页面朝上，安排附加页面头对头。调整页间距，本任务是胶订，订口到中线左右各留2mm为胶订磨位，裁切位到中线距离各为3mm。使用页码编号工具为模版添加页码。如图5-2-1所示。

6. 添加标记。从标记资源中选择Tutorial标记组中的Cropmarks、Perfect-bound collation、Reg-Left、Reg-Right、Slugline标记，为模版添加标记。

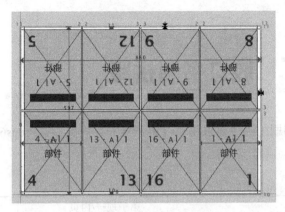

图5-2-1

7. 根据本任务总页数32P，应使用两帖对开印刷，在"印刷运行列表"中选择A1部分，按 ▣ 按钮复制一帖。然后将拼版文档添加到文件窗口，并拖动到页面窗口。

8. 保存打印文件。执行"文件">"另存为"命令，为文件命名为：弟子规一内页。保存为"弟子规一内页.job"。执行"文件">"打印"命令，按输出需要选择文件类型，打印用于输出的大版页面。

技能训练
"拼大版练习文档三"拼版

请打开"拼大版练习文档三"，将表5-2-2印刷施工单补充完整后按要求在Preps6.2中创建拼版模版并打印PDF文档。

表5-2-2

印件名称	拼大版练习文档三				
印件类型	书刊	开单时间	2015.3.5	交货时间	2015.3.25
文件类型			文件数量		
成品尺寸			成品数量	5000册	成品开度
总页数			印刷色数		
拼版方式			印刷用纸		75g/m²双胶
裁纸尺寸	540mm×780mm		印版规格		1030mm×800mm
装订方式	胶订		折页方式		按横幅书籍折页
印后加工	省略				

小贴士

1. 本书籍为横幅书籍，折页方法。

2. 第一手先对折，第二手同样对折，第三手从上往下对折，按顺序编写页码。

3. 创建拼版时根据折样设置页面数量、参考页面方向和附加页面拼版面方式，根据装订方式调整页间距，添加裁切线等标记。

图5-2-2为本作业印刷运行列表，图5-2-3为本作业第一帖正面拼版预览图。

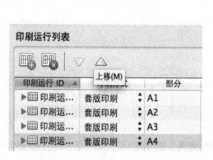

图5-2-2

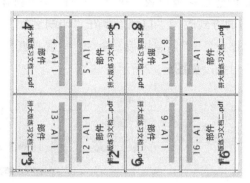

图5-2-3

任务三 自翻版拼版

请根据表5-3-1印刷施工单要求将"《弟子规二》内页"在Preps6.2中创建模版拼版并打印PDF文档。

表5-3-1

印件名称	《弟子规二》内页					
印件类型	书刊	开单时间	2015.1.10	交货时间	2015.1.20	
成品尺寸			成品数量	1000册	成品开度	大16开
总页数	168P		印刷色数		1+1	
拼版方式	套翻版（共10帖套翻版，1帖自翻版）					
裁纸尺寸	880mm×620mm		印版规格		1030mm×800mm	
装订方式	胶订（订口留2mm）		折页方式		垂直交叉法	
印后加工	省略					

操作提示

1. 查看拼版文档成品尺寸。在Acrobat中打开用于拼版的PDF文档，执行"工具">"印刷制作">"设置页面框"命令，在对话框中查看"裁切框"尺寸，确认拼版文档的成品尺寸。

2. 按施工单要求制作折样。

3. 启动Preps6.2，选择产品窗口，在右侧产品属性中设置产品名称为"弟子规二内页"。装订样式设为"胶订"。

4. 在印刷运行窗口添加印版及纸张，在印刷运行列表中将A1部分印刷方式设为套版印刷。执行"作业">"创建拼版"命令，创建套翻版模版。

5. 创建自翻版模版。执行"作业">"新建印张"命令，将"印刷运行列表"中印张A2的印刷方式改为"自翻"。在"印刷运行"窗口中添加印版、纸张，如图5-3-1所示。执行"作业">"创建拼版"命令，设置垂直和水平分别为2个页面，参考页面朝上，附加页面头对头，如图5-3-2所示。

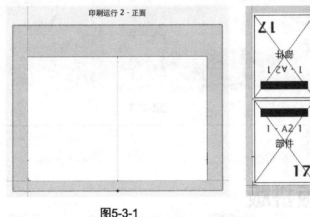

图5-3-1   图5-3-2

6. 选择页码编号工具，注意从第一页开始编号，参考图5-3-3图示方向落页码，实际页码显示如图5-3-4所示。调整好页间距，添加标记（注：间距及脊标位置应与套翻版一致）。

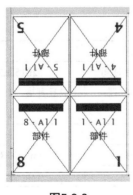

图5-3-3

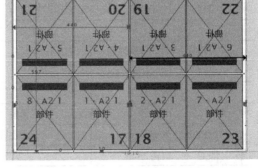

图5-3-4

7. 本任务总页数168P，对开印刷，拼版方式共10帖套翻版、1帖自翻版，在印刷运行列表中将A1套翻版复制10帖，A2自翻版放在第二帖，可使用 ▽ △ 移动排列顺序，完成后如图5-3-5所示。

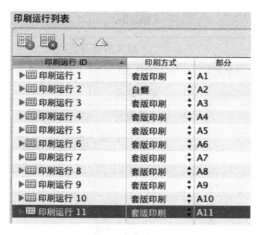

图5-3-5

8. 将拼版面文件添加到文件窗口，然后按顺序拖动到页面窗口，完成拼版。图5-3-6为套翻版模版，图5-3-7为自翻版模版。

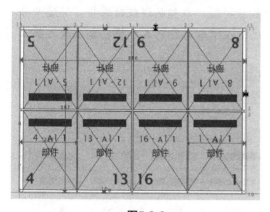

图5-3-6

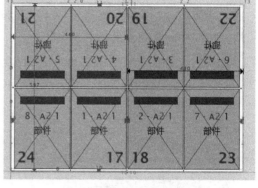

图5-3-7

9. 保存打印文件。执行"文件"＞"另存为"命令，为文件命名为：弟子规二内页。保存为"弟子规二内页.job"。执行"文件"＞"打印"命令，按输出需要选择文件类型，打印用于输出的大版页面。

技能训练

"拼大版练习文档四"拼版

请打开"拼大版练习文档四"，将表5-3-2印刷施工单补充完整后按要求在Preps6.2中创建拼版模版并打印PDF文档。

表5-3-2

印件名称	拼大版练习文档四				
印件类型	画册	开单时间	2015.1.5	交货时间	2015.1.15
文件类型			文件数量		
成品尺寸			成品数量	5000册	成品开度
总页数			印刷色数		
拼版方式			印刷用纸		75g/m² 双胶
裁纸尺寸	880mm×590mm		印版规格		1030mm×800mm
装订方式			折页方式		垂直交叉法
印后加工	省略				

小贴士

本作业共5帖套翻版，剩下4页用对开自翻版拼版，自翻版拼版时需将页码编号分别更改为1、2、3、4，参考图5-3-8添加页码。在印刷运行列表中将自翻版放在第二帖，实际拼版页码如图5-3-9所示。

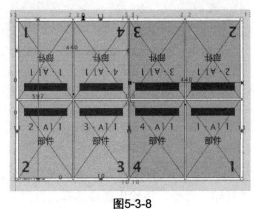

图5-3-8

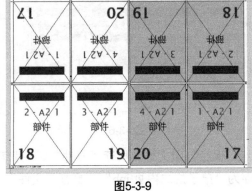

图5-3-9

技能训练
"拼大版练习文档五" 拼版

请打开"拼大版练习文档五"，将表5-3-3印刷施工单补充完整后按要求在Preps6.2中创建拼版模版并打印PDF文档。

表5-3-3

印件名称	拼大版练习文档五				
印件类型	画册	开单时间	2015.1.5	交货时间	2015.1.15
文件类型		文件数量			
成品尺寸		成品数量	5000册	成品开度	
总页数		印刷色数			
拼版方式		印刷用纸		75g/m²双胶	
裁纸尺寸	880mm×590mm	印版规格		1030mm×800mm	
装订方式	胶订	折页方式		垂直交叉法	
印后加工	省略				

小贴士

自翻版拼版如图5-3-10所示。

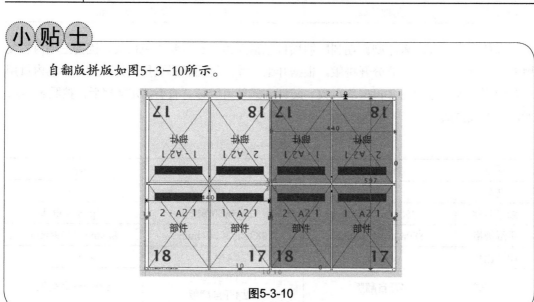

图5-3-10

任务四 杂志拼版

请根据表5-4-1印刷施工单要求正确填写"拼版方式"（注：指套翻版还是自翻版）和"印刷版数"内容后将"广东印刷"在Preps6.2中创建模版拼版并打印PDF文档。

表5-4-1

印件名称	《广东印刷》2009年第二期				
印件类型	期刊类	开单时间	2009.1.5	交货时间	2009.1.15
成品尺寸	285mm×210mm	成品数量	5000册	成品开度	大16开

续表

项目	封面封底	彩页	单色页
P数	4P	12P	80P
纸张名称	250g/m²双铜纸	128g/m²双铜纸	73g/m²亚粉纸
用纸规格	889mm×1194mm	889mm×1194mm	889mm×1194mm
印版规格	730mm×605mm	730mm×605mm	1030mm×800mm
印刷色数	4+4	4+4	1+1
拼版方式			
印刷版数			
裁纸尺寸	440mm×597mm	440mm×597mm	880mm×597mm
印后加工	封面覆膜	彩页和内页胶订（磨位2mm）	

　　本任务中，《广东印刷》期刊印刷项目包括封面、彩页和单色内页，因为三项内容使用的纸张不一样，因此要分开拼版。根据开纸尺寸，封面和彩页用四开印刷，单色内页用对开印刷。因为是期刊并根据总页数，装订方式使用胶订。查看PDF文档后，按照表5-4-2所示的方式拼版。

表5-4-2

项目	封面封底	彩页	单色页
P数	4P	12P	80P
纸张名称	250g/m²双铜纸	128g/m²双铜纸	73g/m²亚粉纸
用纸规格	889mm×1194mm	889mm×1194mm	889mm×1194mm
印刷色数	4+4	4+4	1+1
拼版方式	4开自翻版	1贴4开套翻版 1贴4开自翻版	5贴对开套翻版
印刷版数	4块	12块	10块
裁纸尺寸	440mm×597mm	440mm×597mm	880mm×597mm

　　本任务中包含四开、对开规格，其中四开有套翻版和自翻版，Preps6.2可以在同一个产品中建立多个不同的模版，以方便对作业的管理。

操作提示

　　1. 查看拼版文档成品尺寸。在Acrobat中打开用于拼版的PDF文档，执行"工具">"印刷制作">"设置页面框"命令，在对话框中查看"裁切框"尺寸，确认拼版文档的成品尺寸。

　　2. 执行"文件">"新建有产品意向的作业"命令，打开图5-4-1对话框，设置产品名称"印刷杂志"，装订样式"胶订"，按"+"按钮，在右边产品意向对话框中输入部件名称"封面"，再分别添加两个部件为"彩页"和"单色页"，按确定后如图5-4-2所示。亦可以单击新建产品后按右键从关联菜单选择"新建部件"选项来创建新部件，对于部件的属性更改可以选择部件后在右边窗格的部件属性中设置。

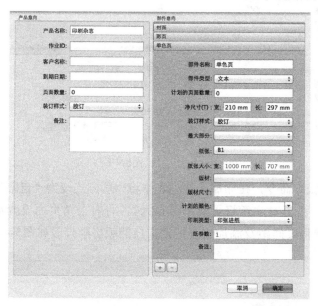

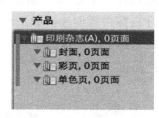

图5-4-1   图5-4-2

3. 选择"封面"部件，在印刷运行窗口添加印版和纸张，在印刷运行列表中将印刷方式设为"套版印刷"（封面印后需做覆膜处理，因此封面封底4P做套翻版拼版）。执行"作业">"创建拼版"命令，如图5-4-3所示的设置，完成后调整左右页面到中线间距各为3mm，添加裁切线等标记，确定后正面拼版模版如图5-4-4所示。

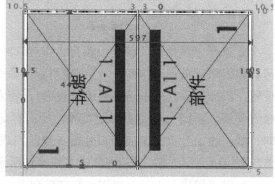

图5-4-3   图5-4-4

4. 选择"彩页"部件，执行"作业">"新建印张"命令，在印刷运行窗口中添加印版和纸张，在印刷运行列表中将印刷方式设为"套版印刷"，执行"作业">"创建拼版"命令，按十六开页面拼四开印刷幅面拼版模版设置。添加页码时注意将页码编号设为1，从右上角设为第一页开始，按四开书刊页码排序方向添加页码，调整页间距及添加所有标记，完成后正面拼版如图5-4-5所示。产品窗口如图5-4-6所示。

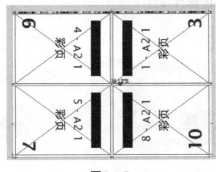

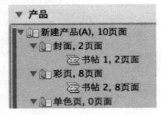

图5-4-5　　　　　　　　　　　　图5-4-6

5. 执行"作业">"新建印张"命令，在印刷运行列表中将印刷方式设为"自翻"，按四开自翻拼版创建拼版，添加页码时注意将页码编号设为1，将右上角页面设为第一页，右下角页面设为第四页。调整页间距及添加所有标记。自翻版拼版模版如图5-4-7所示。产品窗口如图5-4-8所示。

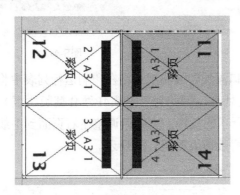

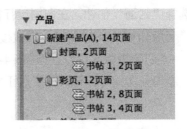

图5-4-7　　　　　　　　　　　　图5-4-8

6. 选择"单色页"部件，执行"作业">"新建印张"命令，在印刷运行窗口中添加印版和纸张，执行"作业">"创建拼版"命令，按十六开页面拼对开印刷幅面拼版模版设置。添加页码时注意将页码编号设为1，将左上角页面设为第一页，按对开书刊页码排序方向添加页码，调整页间距及添加所有标记，注意同一个作业所有部件的拼版页码方向、纸张边缘到页面距离等尺寸需一致。完成后如图5-4-9所示。在印刷运行列表中将A3单色页模版复制五帖，产品窗口如图5-4-10所示。

7. 将"印刷杂志"文档添加到文件列表，按照内容将页面推到页面列表对应页面中。查看拼版预览图。

8. 保存打印文件。执行"文件">"另存为"命令，为文件命名为：印刷杂志。保存为"印刷杂志.job"。执行"文件">"打印"命令，按输出需要选择文件类型，打印用于输出的大版页面。

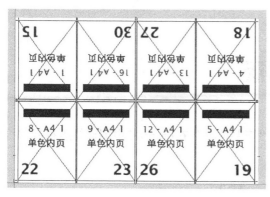

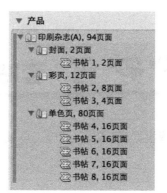

图5-4-9   图5-4-10

技 能 训 练

"拼大版练习文档六"拼版

请打开"拼大版练习文档六",将表5-4-3印刷施工单补充完整后按要求在Preps6.2中创建拼版模版并打印PDF文档。

表5-4-3

印件名称	拼大版练习文档六					
印件类型	期刊类	开单时间	2015.1.5	交货时间	2015.1.15	
成品尺寸			成品数量	5000册	成品开度	
项目	封面底		彩页		单色页	
P数						
纸张名称	250g/m² 双铜纸		128g/m² 双铜纸		73g/m² 亚粉纸	
用纸规格	889mm×1194mm		889mm×1194mm		889mm×1194mm	
印版规格	730mm×605mm		730mm×605mm		1030mm×800mm	
印刷色数						
拼版方式						
印刷版数						
裁纸尺寸	440mm×597mm		880mm×597mm		880mm×597mm	
印后加工	封面覆膜		彩页和内页胶订(磨位2mm)			

任务五 套帖拼版

请根据表5-5-1印刷施工单要求将"产品简介"在Preps6.2中创建模版拼版并打印PDF文档。

表5-5-1

印件名称	产品简介				
印件类型	小册子	开单时间	2015.2.13	交货时间	2015.3.15
成品尺寸	210mm×285mm		成品数量		5000册
PDF文件数量	1个				
页数	64P				
纸张名称	$250g/m^2$双铜纸				
用纸规格	880mm×597mm				
印刷色数	4+4				
拼版方式	每两帖套帖后按胶订装订拼版				
叼口尺寸	50mm				
印后加工	每两帖套帖后按胶订装订				

套帖,即多帖(一般二帖)用套配法配在一起为一大帖,再将大帖锁线装订。套帖装订用于多页书籍,如产品介绍、字典等,好处是防止多帖装订时容易造成的松散脱落。

以本任务为例,使用套帖装订,第一帖和第二帖套配为第一大帖,第三帖和第四帖套配为第二大帖,第一大帖和第二大帖再叠配进行锁线装订。套配页码按骑马订页码顺序,叠配页码按胶订顺序。

Preps6.2中提供的折叠模式,即已经做好的模版,可以调用折叠模式进行拼版,也可以对已有的折叠模式更改后使用,或将模版保存为折叠模式使用。

操作提示:

1. 查看拼版文档成品尺寸。在Acrobat中打开用于拼版的PDF文档,执行"工具">"印刷制作">"设置页面框"命令,在对话框中查看"裁切框"尺寸,确认拼版文档的成品尺寸。

2. 执行"文件">"新建产品",将部件属性做如下设置:装订样式,胶订;计划页面数,64;最大部分,16页;成品尺寸,210mm×285mm;纸张尺寸,880mm×597mm;版材,1030mm×800mm。设置后产品窗口如图5-5-1所示。

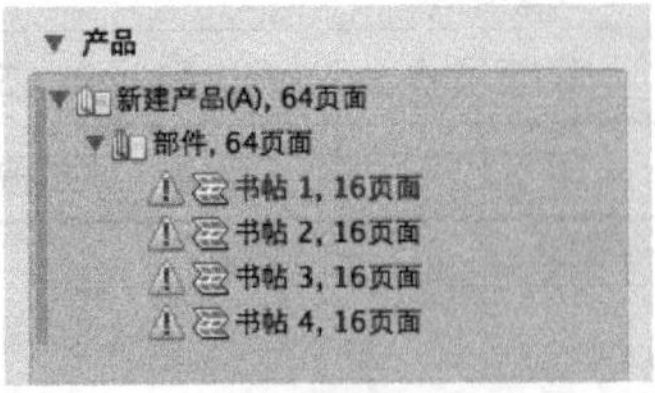

▼ 产品
▼ 📗 新建产品(A), 64页面
  ▼ 📖 部件, 64页面
    ⚠ 📚 书帖 1, 16页面
    ⚠ 📚 书帖 2, 16页面
    ⚠ 📚 书帖 3, 16页面
    ⚠ 📚 书帖 4, 16页面

图5-5-1

3. 使用折叠模式。使用鼠标左键框选产品窗口中所有书帖，在书帖属性窗口中点选折叠模式，选择"浏览查找折叠模式"选项，打开折叠模式对话框，选择JDF-F16-6折叠模式，在折叠模式对话框中设置旋转180°，翻纸，如图5-5-2所示，确认后单击印刷运行列表下方的"生成印刷运行"按钮，在印刷运行窗口中生成模版。如需要，选中所有书帖，在书帖属性中将书脊调整为2mm。

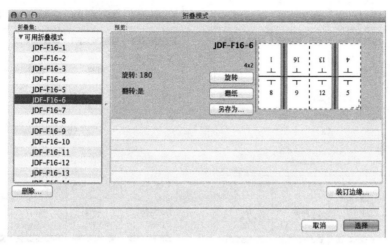

图5-5-2

4. 为模版添加印刷标记。

5. 按套贴装订方式调整书帖页码顺序。切换到组合窗口，窗口中A1～A4书帖呈直线排列，选择A2书帖，将其拖动到A1书帖的右边松开鼠标，调整后A1书帖页码为1～8，25～32，A2书帖页码为9～24，从A2书帖属性中也可以看到第一个页码亦相应调整为9。用相同的方法调整A4书帖位置。调整后如图5-5-3所示。

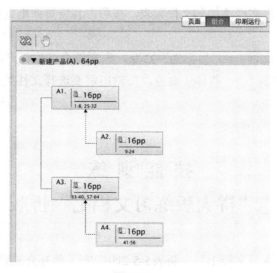

图5-5-3

6.完成后从印刷运行窗口分别查看1~4帖正面页码如图5-5-4所示。

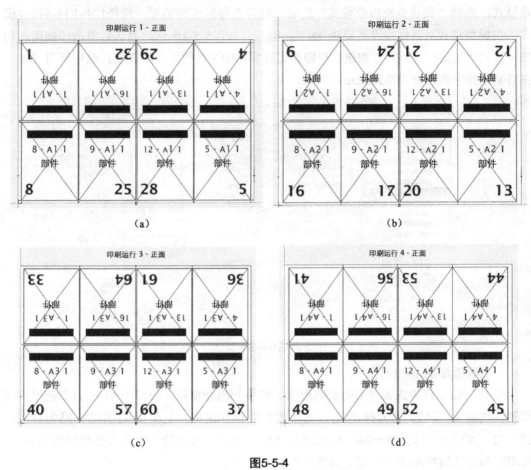

图5-5-4

7. 将"产品简介"文档添加到文件列表，按照内容将页面拖到页面列表对应页面中。查看拼版预览图。

8. 完成后执行"文件">"另存为"命令，为文件命名为：产品简介。保存为"产品简介.job"。执行"文件">"打印"命令，按输出需要选择文件类型，打印用于输出的大版页面。

技 能 训 练
"拼大版练习文档七"拼版

请打开"拼大版练习文档七"，将表5-5-2印刷施工单补充完整后按要求在Preps6.2中创建拼版模版并打印PDF文档。

表5-5-2

印件名称	拼大版练习文档七				
印件类型	画册	开单时间	2010.2.5	交货时间	2010.2.15
成品尺寸			成品数量	5000册	
PDF文件数量					
页数					
纸张名称	250g/m² 双铜纸				
用纸规格	800mm×597mm				
印刷色数					
拼版方式	每两帖套帖后按胶订装订拼版				
叨口尺寸	30mm				
印后加工	每两帖套帖后按胶订装订				

 **任务六　使用占位符**

请根据表5-6-1印刷施工单要求将"弟子规三内页"在Preps6.2中创建模版拼版并打印PDF文档。

表5-6-1

印件名称	弟子规三内页				
印件类型	书籍	开单时间	2010.2.5	交货时间	2010.2.15
成品尺寸	210mm×285mm		成品数量	5000册	
PDF文件数量	1个				
页数	24P				
纸张名称	250g/m² 双铜纸				
用纸规格	880mm×597mm				
印刷色数	1+1				
拼版方式	一帖套翻版，一帖自翻版				
叨口尺寸	45mm				
装订方式	骑马订				
印后加工	按成品尺寸裁切				

客户的生产计划非常紧迫，源文件并未全部到齐，但可以印刷一部分，这时可以利用占位符来建立作业，并开始印刷，当其余源文件到齐后，即可完成作业。添加占位符时，

需要指定其名称和页数，然后将其添加到文件列表和运行列表。当源文件到齐后，即可替换占位符。

操作提示

1. 查看拼版文档成品尺寸。在Acrobat中打开用于拼版的PDF文档，执行"工具" > "印刷制作" > "设置页面框"命令，在对话框中查看"裁切框"尺寸，确认拼版文档的成品尺寸。

2. 执行"文件" > "新建产品"命令，将产品名称命名为"弟子规三内页"，对部件属性作如下设置：计划页面数量24，净尺寸210mm×285mm，装订样式为骑马订，最大部分16页，纸张尺寸880mm×597mm，版材尺寸1030mm×800mm。完成后部件窗口如图5-6-1所示。

3. 在产品窗格中选择书帖1，在书帖属性中选择浏览折叠模式，选择JDF-F16-6折叠模式，设置翻纸后确认并生成印刷模式。如图5-6-2。选择书帖2，选择折叠模式为JDF-F8-7，设置旋转90°，翻纸。确认后生成印刷模式。

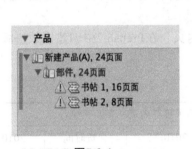

图5-6-1

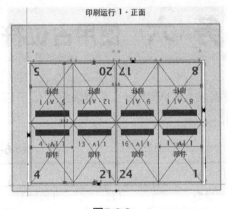

图5-6-2

4. 在印刷运行列表中选择A2部分，将印刷方式改为自翻，如图5-6-3所示，拖动模版变成如图5-6-4所示。

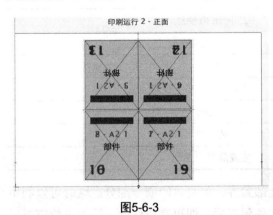

图5-6-3

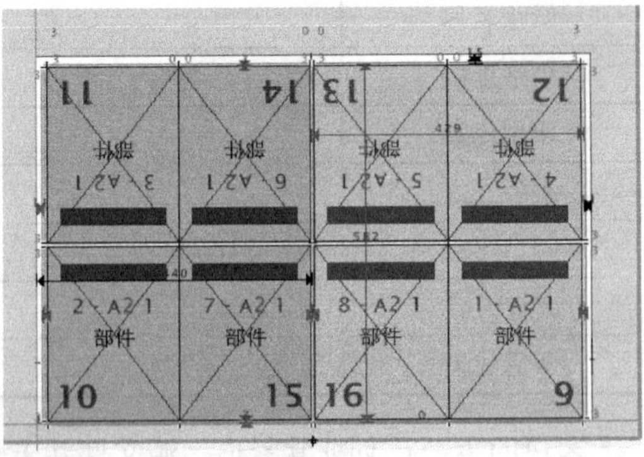

图5-6-4

5. 选择纸张在属性中设置孔距。给模版添加标记。

6. 添加占位符。选择作业/添加占位符，在对话框中如图5-6-5设置。

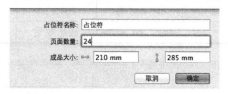

占位符名称：	占位符
页面数量：	24
成品大小： 长-宽	210 mm	高	285 mm
取消	确定

图5-6-5

7. 将文件窗口中的占位页面拖到页面列表窗口，文件名以"占位符"暂代。此时客户若能提供16P页面，可以先印刷一部分。从文件菜单添加"弟子规三内页"文档，将16P页面拖到页面列表中，此时页面自动取代占位符，预览结果套翻版如图5-6-6所示，自翻版如图5-6-7所示。此时可以先输出自翻版印刷。等待客户提供剩余的8P文档后，继续添加到页面列表中，完成套翻版拼版并输出印刷。

8. 保存打印文件。执行"文件">"另存为"命令，为文件命名为：弟子规三内页。保存为"弟子规三内页.job"。执行"文件">"打印"命令，按输出需要选择文件类型，打印用于输出的大版页面。

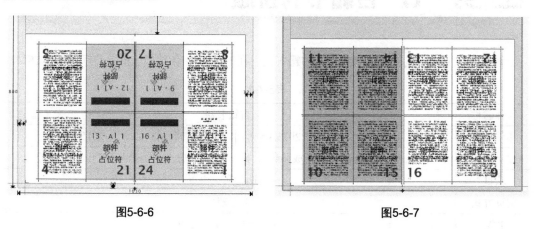

图5-6-6 图5-6-7

技 能 训 练
"拼大版练习文档八"拼版

请打开"拼大版练习文档八"，将表5-6-2印刷施工单补充完整后按要求在Preps6.2中创建拼版模版并打印PDF文档。

注：客户先提供24P页面，再提供16P页面，要求用占位符先输出可以印刷的24P页面，再加上后提供的16P页面一起输出。

表5-6-2

印件名称	拼大版练习文档八				
印件类型	书籍	开单时间	2015.2.5	交货时间	2015.2.15
成品尺寸			成品数量	5000册	
PDF文件数量					
页数					
纸张名称	250g/m²双铜纸				
用纸规格	880mm×597mm				
印刷色数					
叼口尺寸	40mm				
装订方式	胶订				
印后加工	按成品尺寸裁切				

任务七 古籍书刊拼版

请根据表5-7-1印刷施工单要求将"古籍书刊"在Preps6.2中创建模版拼版并打印PDF文档。

表5-7-1

印件名称	古籍书刊				
印件类型	书刊	开单时间	2015.3.5	交货时间	2015.3.18
成品尺寸	210mm×285mm		成品数量	50000册	成品开度	16开
项目	封面封底、内页				
翻页方式	右翻				
P数	封面4P　　内页24P				
纸张名称	封面：150g/m²胶版纸 内页：120g/m²胶版纸				
用纸规格	封面440mm×597mm　　内页880mm×597mm				
印刷色数	1+1				
拼版方式	封面自翻，内页一帖套翻版、一帖自翻版				
印后加工	骑马订				

操作提示

1. 查看拼版文档成品尺寸。在Acrobat中打开用于拼版的PDF文档，执行"工具">"印刷制作">"设置页面框"命令，在对话框中查看"裁切框"尺寸，确认拼版文档的成品尺寸。

2. 根据印刷施工单要求制作右翻页折样。（步骤与左翻书刊一样，编写页码时按右翻编写即可）。

3. 在产品窗口中分别新建产品为"古籍书刊封面"和"古籍书刊内页"。添加印版和纸张至印刷运行窗口。

4. 创建内页套翻版模版。选择产品"古籍书刊内页"，执行"作业"＞"新建印张"命令，添加印版及纸张，执行"作业"＞"创建拼版"命令，按内页折样设置相关数值。确认后调整页间距，参考折样为模版添加页码，添加裁切线贴标等印刷标记。

5. 参考上述操作创建内页自翻版模版，将自翻版调整为第一帖。自翻版模版如图5-7-1所示，套翻版模版如图5-7-2所示。

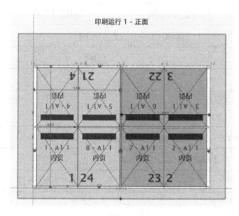

图5-7-1

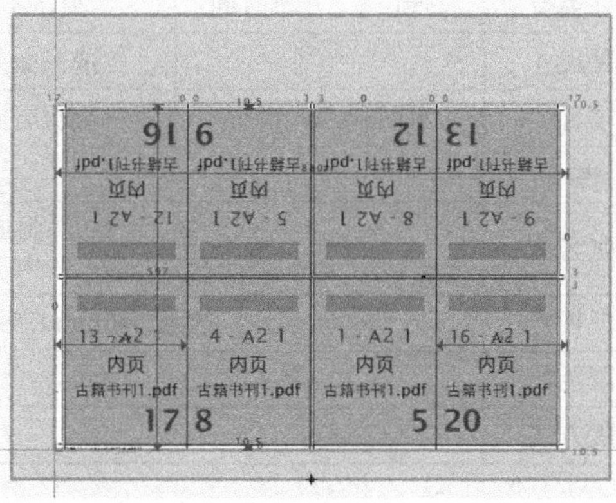

图5-7-2

6. 创建封面自翻版模版。选择产品"古籍书刊封面"，执行"作业"＞"新建印张"命令，添加印版及纸张，执行"作业"＞"创建拼版"命令，按八开页面拼四开印刷幅面拼版方式设置，确认后调整页间距，为模版添加页码，添加裁切线贴标等印刷标记。完成后产品窗口如图5-7-3所示，封面拼版模版如图5-7-4所示。

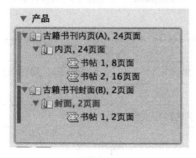

图5-7-3

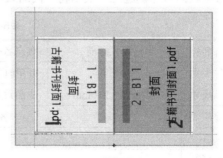

图5-7-4

7. 保存打印文件。执行"文件"＞"另存为"命令，为文件命名为：古籍书刊。保存为"古籍书刊.job"。执行"文件"＞"打印"命令，按输出需要选择文件类型，打印用于输出的大版页面。

技能训练
"拼大版练习文档九"拼版

请打开"拼大版练习文档九",将表5-7-2印刷施工单补充完整后按要求在Preps6.2中创建拼版模版并打印PDF文档。

表5-7-2

印件名称	拼大版练习文档九				
印件类型	书刊	开单时间	2015.3.5	交货时间	2015.3.18
成品尺寸		成品数量	50000册	成品开度	
项目	封面封底、内页	翻页方式	右翻		
P数					
纸张名称	封面:150g/m²胶版纸 内页:120g/m²胶版纸				
用纸规格	封面440mm×597mm 内页880mm×597mm				
印刷色数	1+1				
拼版方式				印后加工	骑马订

任务八 跨页拼版及输出

请根据表5-8-1印刷施工单要求将"同路人画册"在Preps6.2中创建模版拼版并输出印版。

表5-8-1

客户要求	印件名称	同路人画册	客户名称	××广告有限公司		
	印件类别	书刊	开单时间	2015年3月3日	交货时间	2015年3月15日
	成品尺寸	210mm×210mm	成品数量	5000本	成品开度	
	原稿	客户提供的PDF文件				
印刷要求	项目	同路人画册		备注		
	总页数	18				
	纸张名称	250g/m²铜版纸				
	用纸规格	890mm×1240mm				
	裁纸规格	440mm×250mm				
	印刷色数	4+4				

续表

印刷要求	拼版方式	套翻版1帖，自翻版1帖（内页1～2拼自翻版）		
	印刷版数	12块四开版		
	印刷机台	1号机		
	印刷色序	正常		

印后加工要求	加工项目	加工内容		
	封面	□烫金面积 ■过UV油 □模切规格 □过塑　　□穿绳　长　　cm	□压凸 □水晶油 □裱糊面积 □其他	
	内页	■折页 9 手　　□锁线　　手 □手工锁线　叠 □模切规格 □穿绳　　长　　　cm	□胶装　　手　　■骑马订 8 手 □打孔 □裱糊面积 □其他	
		□模切规格 □订口位	□裱糊面积 □粘口位	
	其他说明	按成品尺寸裁切 注：内页1～2页自翻印刷裁切后单独粘贴，3～14页印刷后对折套帖按骑马订装订，最后包上封面底。		

包装方式	每100本一扎，用纸箱包装送客户			
工单发送部门	■工艺管理部　　□设计部　　　■CTP　　　　　■印刷部 ■印后加工部　■质检部　　　□采购部　　　■仓库			

跟单员		负责人		备注	
业务员		负责人		备注	
制单员		负责人		备注	

画册效果如图5-8-1所示。

图5-8-1

本任务提供的PDF文件是跨页制作，即制作时将两对页的内容放在同一个页面上。印刷装订后，两幅分开的画面合并在左右页上，形成一幅完整的画面。采用这种工艺的好处是解决了大幅面图片不能完整再现的问题，为追求新颖、独特风格的书刊设计者提供了更多的解决方案，也可提高书刊装订的效果与档次。

在Preps6.2中对跨页制作的书刊进行拼版，主要结合模版页码正确分配页面。再采用页面移位的方法进行拼版。

操作提示：

1. 查看拼版文档成品尺寸。在Acrobat中打开用于拼版的PDF文档，执行"工具" > "印刷制作" > "设置页面框"命令，在对话框中查看"裁切框"尺寸，确认拼版文档的成品尺寸。

2. 启动Preps6.2，选择产品窗口，在右侧产品属性中设置产品名称为"同路人画册"。装订样式设为"骑马订"。按施工单要求添加印版和纸张至印刷运行窗口。在纸张属性中设置孔距为10mm。（注：如叼口尺寸为60mm，印版到纸张边缘设置为50mm，纸张到页面边缘设置为10mm）。

3. 在印刷运行列表中选择A1部分，将印刷方式设为套版印刷。执行"作业" > "创建拼版"命令。如图5-8-2设置。选择创建页码工具，单击右边页面，默认页码为第1页，单击左边页面，系统将左边页面设置为第4页。单击页间距，调整页间距为左右各1mm。（注：根据本任务印刷要求，第一帖为封面封底，书脊设为2mm）。为模版添加印刷标记。单击印刷运行列表，选择A1部分，单击左上角复制印张按钮，将当前印张复制4帖。此时第一帖印张的页码自动调整为第1页和第16页。如图5-8-3所示。分别选择第2～4帖，将页间距调整为0mm。

图5-8-2

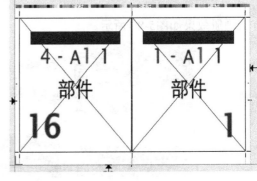

图5-8-3

4. 将"同路人"PDF文档添加到文件窗口中。"同路人"文档为跨页制作，但拼版时需按照模版页面对号入座，如文档的第一页中，左边页面拼第16页（即封底），右边页面拼第1页（即封面）。

5. 跨页拼版。选择页面窗口，将"同路人"文档中的页面1拖到"页面列表"中的第1页，松开鼠标后从预览窗口中看到该页面的预览图，如图5-8-4所示。当前第1页使用的是第16页的页面，因此需要把页面水平位移到右边。位移的方法是在"运行列表页面属性"窗格中把"位置"的水平"X"数值设置为-210mm（注：需在英文状态下输入）

X: [-210 mm]，此时从预览图中看到第1页拼版使用的是右边的页面。如图5-8-5所示。

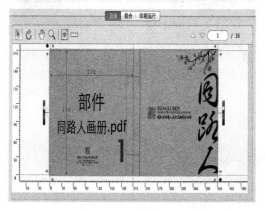
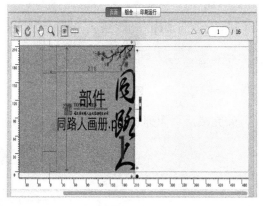

图5-8-4 图5-8-5

6. 将页面1拖到页面列表的第16页，默认状态下已选择的对应的左边页面作为第16页，因此该页面不需位移。

7. 用上述方法将其余页面在页面列表中对号入座，如图5-8-6所示。按照页面位置在"运行列表页面属性"窗格中位移。

图5-8-6

8. 创建两页自翻版模版。执行"作业">"新建印张"命令，在印刷运行列表中将B1印刷方式设为"自翻"。按施工单要求添加印版和纸张。执行"作业">"创建拼版"命令，创建两页自翻拼版模版。如图5-8-7所示。调整页间距为2mm，页码分别为1、2，添加印刷标记，将画册中内页的2~3页参考上述方法拼到该模版上，如图5-8-8所示。

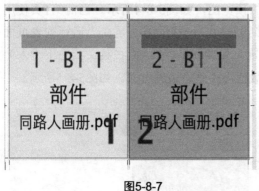

图5-8-7

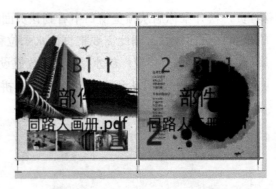

图5-8-8

9. 完成后页面列表如图5-8-9所示。

运行列表	部件页面	Folio	文件名
▼新建产品(A)			
1	部件 1		同路人画册.pdf (1)
2	部件 2		同路人画册.pdf (2)
3	部件 3		同路人画册.pdf (9)
4	部件 4		同路人画册.pdf (1)
5	部件 5		同路人画册.pdf (3)
6	部件 6		同路人画册.pdf (4)
7	部件 7		同路人画册.pdf (8)
8	部件 8		同路人画册.pdf (9)
9	部件 9		同路人画册.pdf (4)
10	部件 10		同路人画册.pdf (5)
11	部件 11		同路人画册.pdf (7)
12	部件 12		同路人画册.pdf (8)
13	部件 13		同路人画册.pdf (5)
14	部件 14		同路人画册.pdf (6)
15	部件 15		同路人画册.pdf (6)
16	部件 16		同路人画册.pdf (7)
▼新建产品(B)			
1	部件 1		同路人画册.pdf (3)
2	部件 2		同路人画册.pdf (2)

图5-8-9

10. 保存打印文件。执行"文件">"另存为"命令，为文件命名为：同路人画册。保存为"同路人画册.job"，并另存一个JDF格式的拼版文件。执行"文件">"打印"命令，按输出需要选择文件类型，打印用于输出的大版PDF文档。

11. 在Prinergy中输出画册。方法一：将已有模版导入Prinergy中输出，（参考项目四/任务二"玉米海报"输出方法）；方法二：在Prinergy中链接Preps6.2创建拼版后返回到流程中输出。下面是使用方法二输出的操作步骤。登录Prinergy客户端Workshop，在Workshop的作业浏览器作业窗口中新建作业，命名为"同路人画册"，将"同路人画册.PDF"上传到服务器相应文件夹内。

12. 对输入的文件精炼，文件添加到页面窗口。如图5-8-10所示。

13. 从文件菜单中选择创建新的拼版，在"新建拼版"对话框中，输入拼版的名称，选择导入类型，然后单击"确定"按钮。如图5-8-11、5-8-12所示。Preps6.2随即启动。

图5-8-10

图5-8-11

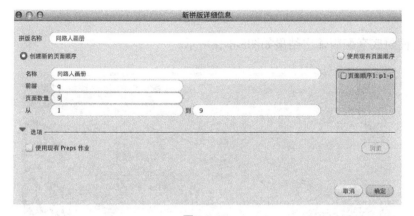

图5-8-12

14. 在Preps 6.2中，创建用于新拼版的模版（参考上述步骤）。完成后选择"保存并返回印能捷"选项。

15. 在Prinergy中选择"页面顺序"窗口，对页面进行分配。选择未分配的"同路人画册.PDF"选项，把该页面分别分配到如图5-8-13、5-8-14所示。

图5-8-13

图2-3-14

16. 对分配好的页面分色，如图5-8-15所示。

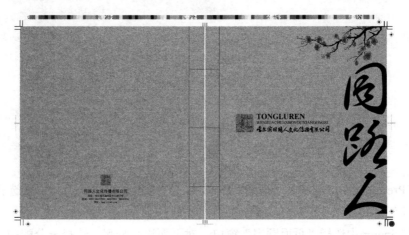

图5-8-15

17. 封面封底套翻版输出结果如图5-8-16所示。

图5-8-16

18. 封二/封三套翻版输出结果如图5-8-17所示。

图5-8-17

19. P1/P2自翻版输出结果如图5-8-18。

图5-8-18

20. P3/P14套翻版输出结果如图5-8-19所示。

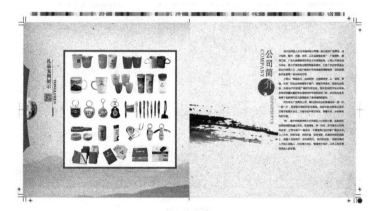

图5-8-19

21. P4/P13套翻版输出结果如图5-8-20所示。

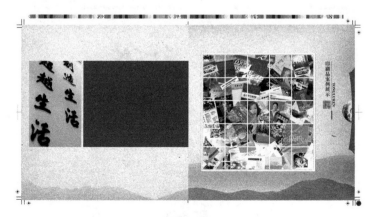

图5-8-20

22. P5/P12套翻版输出结果如图5-8-21所示。

图5-8-21

23. P6/P11套翻版输出结果如图5-8-22所示。

图5-8-22

24. P7/P10套翻版输出结果如图5-8-23所示。

图5-8-23

25. P8/P9套翻版输出结果如图5-8-24。

图5-8-24

技 能 训 练

"拼大版练习文档十"拼版

请打开"拼大版练习文档十",将表5-8-2印刷施工单补充完整后按要求在Preps6.2中创建拼版模版并打印PDF文档。

表5-8-2

印件名称	拼大版练习文档十				
印件类型	画册	开单时间	2015.2.5	交货时间	2015.2.15
成品尺寸			成品数量	5000册	
PDF文件数量					
页数					
纸张名称	250g/m² 双铜纸				
用纸规格	440mm×597mm				
印刷色数	4+4				
拼版方式					
装订方式					
叼口尺寸	50mm				
印后加工	按成品尺寸裁切				

项目六

三十二开书刊拼版

- 任务一 胶订书刊拼版

  技能训练——"拼大版练习文档十一"拼版

- 任务二 双联拼版

  技能训练——"拼大版练习文档十二"拼版

任务一 胶订书刊拼版

请根据表6-1-1印刷施工单要求将"李遥音作品（内页）"在Preps6.2中创建模版拼版并打印PDF文档。

表6-1-1

客户名称	XX出版社		印件名称	李遥音作品（内页）		
印件类型	书刊	开单时间	2013.1.10	交货时间	2013.1.20	
成品尺寸	138mm×200mm		成品数量	2000册	成品开度	32开
总页数	175P		印刷色数	1+1		
拼版方式	5帖套翻版，1帖自翻版，目录后添加1P空白页					
印刷用纸	75g/m²双胶					
裁纸尺寸	880mm×590mm		印版规格	1030mm×800mm		
装订方式	胶订（订口留2mm）		折页方式	垂直交叉法		
印后加工	省略					

操作提示

1. 查看拼版文档成品尺寸。在Acrobat中打开用于拼版的PDF文档，执行"工具">"印刷制作">"设置页面框"命令，在对话框中查看"裁切框"尺寸，确认拼版文档的成品尺寸。

2. 按施工单要求制作折样。

3. 启动Preps6.2，选择产品窗口，在右侧产品属性中设置产品名称为"李遥音作品内页"。装订样式设为"胶订"。

4. 添加印版和纸张尺寸，并添加至印刷运行窗口。

5. 在印刷运行列表中将A1部分印刷方式设为套版印刷。执行"作业">"创建拼版"命令。在印刷参照折样，在创建拼版对话框中设置成品尺寸为宽度138mm、高度200mm，拼版页面数量水平4个，垂直4个，参考页面朝右，安排附加页面头对头，如图6-1-1所示。调整页间距，本任务是胶订，订口到中线左右各留2mm为胶订磨位，裁切位到中线距离各为3mm。使用页码编号工具为模版添加页码。如图6-1-2所示。

6. 创建自翻版模版。执行"作业">"新建印张"命令，将印刷方式设置为自翻，执行"作业">"创建拼版"命令，创建拼版水平为2个页面，垂直4个页面，参考页面方向朝右，安排附加页面头对头。完成后选择页码编号工具，将页码编号设置从1开始，按照图6-1-3位置添加页码，完成后实际页码如图6-1-4所示。调整自翻版页间距及添加印刷标记。

图6-1-1

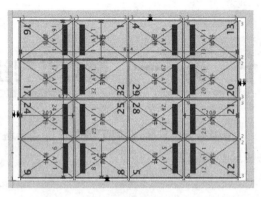

图6-1-2

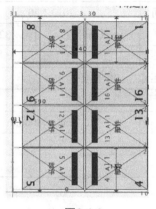

图6-1-3

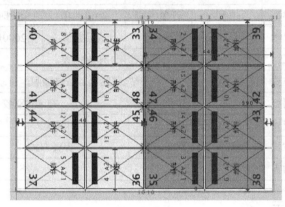

图6-1-4

7. 在印刷运行窗口中将A1套翻版复制4帖，将"李遥音作品（内页）"添加到文件窗口，根据施工单，目录后添加一页空白页，即将文档的第12页设为空白页。添加空白页的方法有两种：一是将文档分两次拖到对应页面，留空第12页；二是将文档全部拖到对应页面后，将添加空白页 🗋 工具拖到第12页，将此页设为空白页。完成后如图6-1-5所示。拼版页面预览如图6-1-6所示，P12页为空白页。

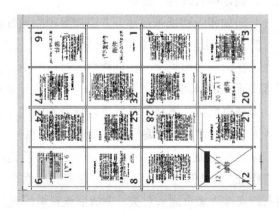

图6-1-5

图6-1-6

8. 保存打印文件。执行"文件">"另存为"命令，为文件命名为：李遥音作品内页。保存为"李遥音作品内页.job"。执行"文件">"打印"命令，按输出需要选择文件类型，打印用于输出的大版页面。

技 能 训 练
"拼大版练习文档十一"拼版

请打开"拼大版练习文档十一"，将表6-1-2印刷施工单补充完整后按要求在Preps6.2中创建拼版模版并打印PDF文档。

表6-1-2

印件名称	拼大版练习文档十一				
印件类型	书刊	开单时间	2015.1.5	交货时间	2015.1.15
文件类型			文件数量		
成品尺寸			成品数量	5000册	成品开度	
总页数			印刷色数		
拼版方式			印刷用纸		75g/m²双胶
拼版备注	文档目录三后和后记后分别添加一页空白页				
裁纸尺寸	760mm×550mm		印版规格		1030mm×800mm
装订方式	胶订		折页方式		垂直交叉法
印后加工	省略				

任 务 二　双联拼版

请根据表6-2-1印刷施工单要求将"手机使用手册"在Preps6.2中创建模版拼版并打印PDF文档。

表6-2-1

印件名称	移动广告公司——手机使用手册				
印件类型	手册	开单时间	2010.3.5	交货时间	2010.3.18
成品尺寸	内页130mm×185mm 封面268mm×185mm	成品数量	50000册	成品开度	正32开

续表

项目	内页 封面封底
P数	内页64P　封面及封底共4P
纸张名称	内页：120g/m²胶版纸 封面：150g/m²胶版纸
用纸规格	内页使用卷筒纸，封面封底用纸规格400mm×560mm
印刷色数	内页4+4 封面4+0
拼版方式	内页双联拼版 封面单面印刷
印后加工	胶订

操作提示

1. 查看拼版文档成品尺寸。在Acrobat中打开用于拼版的PDF文档，执行"工具">"印刷制作">"设置页面框"命令，在对话框中查看"裁切框"尺寸，确认拼版文档的成品尺寸。

2. 根据印刷施工单要求制作双联折样。（可参考实践篇/项目三/任务一　制作折样）。

3. 添加印版和纸张尺寸，并添加至印刷运行窗口。设置产品名称为"手机使用手册"内页。

4. 创建双联模版。执行"作业">"创建拼版"命令，在对话框中设置成品尺寸：130mm×185mm；拼版数量：水平2，垂直4；参考页面：朝右。如图6-2-1所示，确认后拼版如图6-2-2所示。

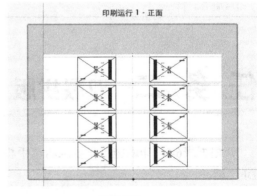

图6-2-1   图6-2-2

5. 调整页面中间的页间距，根据双联折页折样，调整中间页左右间距分别为194mm，调整装订位置上下分别为2mm，按折样页码顺序为模版页面添加页码。如图6-2-3所示。

6. 选择所有拼版页面，按Ctrl+C复制，再按Ctrl+V粘贴，此时版面上有两个相同的拼版页面，如图6-2-4所示。将复制拼版的左右页间距分别调整为3mm，调整后如图6-2-5所示。

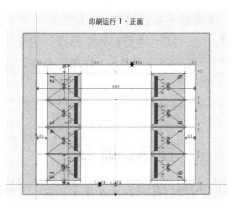

图6-2-3

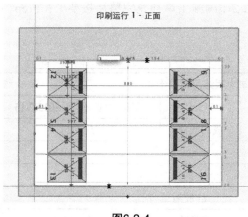

图6-2-4

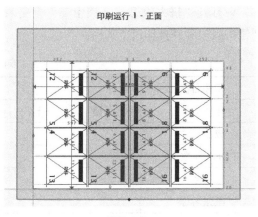

图6-2-5

7. 为模版添加印刷标记。

8. 将内页文件添加到文件列表，在印刷运行列表中复制4帖，如图6-2-6所示。将文件添加到页面列表中，拼版效果如图6-2-7所示。

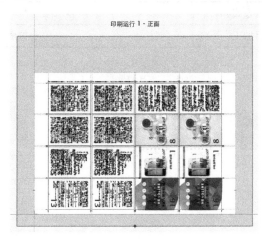

图6-2-6

图6-2-7

9. 创建封面拼版模版，步骤参考实践篇/项目四/任务一 "年历" 拼版。

10. 保存打印文件。执行 "文件" > "另存为" 命令，为文件命名为：手机使用手册。保存为 "手机使用手册.job"。执行 "文件" > "打印" 命令，按输出需要选择文件类型，打印用于输出的大版页面。

技 能 训 练
"拼大版练习文档十二" 拼版

请打开 "拼大版练习文档十二"，将表6-2-2印刷施工单补充完整后按要求在Preps中创建拼版模版并打印PDF文档。

表6-2-2

印件名称	拼大版练习文档十二				
印件类型	书籍	开单时间	2015.2.5	交货时间	2015.2.15
成品尺寸			成品数量	5000册	
PDF文件数量					
页数					
纸张名称	$120g/m^2$胶版纸				
用纸规格	卷筒纸				
印刷色数					
拼版方式	双联拼版				
叼口尺寸	45mm				
装订方式					
印后加工	按成品尺寸裁切				

附录　常用的书刊专业名称

封面：封面是包在书芯外面，有保护书芯和装饰书籍的作用。封面包括封面、封二、封三、封底。

版面：指印刷成品幅面中图文和空白部分的总和。

版心：指印版或印刷成品幅面中规定的印刷面积。

天头：指版心上边沿至成品边沿的空白区域。

地脚：指版心下边沿至成品边沿的空白区域。

订口：印刷品折叠后需要装订的一侧，从版边到书脊的白边。

切口：和订口相对，印刷品折叠后需要裁切掉多余空白的一侧，从版心外边沿至成品边沿的空白区域。

书脊：书刊的封面或封底与书背的连接处。

页码：一本书各个版面的顺序记号。

扉页：指印有书名、作者及出版社名称的单页，背面一般印有版权、内容提要等。

版权页：一般在扉页的背面，印有书号、出版社、发行者、开本尺寸、字数、定价等。

帖：将印刷好的大幅面页张按照页码顺序、版面规定及要求经过折叠后，制成所需幅面，即为一帖。

配帖：按照一本书的总页数及顺序，将第一帖到最后一帖按顺序配在一起成为一本完整的书的过程。其中无线胶订、锁线订、铁丝平订是将各帖按页码顺序平行叠加，称叠配。骑马订是将各帖按页码顺序嵌套在一起，称套帖。

帖标：为避免配页时出错，在书本的书脊处所加的矩形标记。平订的帖标在书脊，骑马订的帖标在天头处。

出血：指加大产品外尺寸的图案，在裁切位加一些图案的延伸，专门给各生产工序在其工艺公差范围内使用，以避免裁切后的成品露白边或裁到内容。在制作的时候我们就分为设计尺寸和成品尺寸，设计尺寸总是比成品尺寸大，大出来的边是要在印刷后裁切掉的，这个要印出来并裁切掉的部分就称为出血或出血位。

爬移：由于纸张厚度造成的，在多次折叠后书帖的最内侧的页面较最外侧的页面向外侧移动的情况。

双联：在同一帖上经过印刷、折页、装订、裁切后成两本相同的成品的方式。

开数：书刊幅面大小或由一张全张纸开出的印刷纸张大小。

印张：一个印张等于一张对开纸张，即一张全张纸为两个印张。一般书刊排版时应考虑可在印刷时凑成整个或半个印张（注：包括空白页）。

参考文献

[1] 张小卫.计算机直接制版基础教程.北京：印刷工业出版社，2009.6.

[2] 刘舜雄.印后加工.北京：中国轻工业出版社，2010.2.

[3] 郝清霞等.数字印前技术.北京：印刷工业出版社，2007.6.

[4] Kodak 公司Preps 6使用说明.

[5] 印能捷 Connect Workshop 用户指南.

[6] Agfa公司Apogee Prepress 7.0用户指南.